图说
大棚蔬菜栽培
关键技术

王迪轩　王雅琴　何永梅　主编

化学工业出版社

·北京·

本书依据大棚蔬菜栽培关键步骤，以大棚蔬菜生产中常遇到的问题为重点，以大量高清彩图的方式，按照"大棚选址→大棚搭建→育苗→栽培管理→主要病虫害防治→几种主要蔬菜大棚栽培"的思路，进行系统叙述，使读者能按图操作。

本书图文并茂，通俗易懂，非常适于蔬菜合作社、蔬菜公司、家庭农场、种菜大户等相关人员阅读参考，以便进行科学的大棚蔬菜生产。

图书在版编目（CIP）数据

图说大棚蔬菜栽培关键技术／王迪轩，王雅琴，何永梅主编.
—北京：化学工业出版社，2018.3（2024.2 重印）
ISBN 978-7-122-31454-3

Ⅰ. ①图… Ⅱ. ①王… ②王… ③何… Ⅲ. ①蔬菜－温室栽培－图解 Ⅳ. ① S626.5-64

中国版本图书馆 CIP 数据核字（2018）第 017233 号

责任编辑：刘 军 冉海滢 装帧设计：关 飞
责任校对：王素芹

出版发行：化学工业出版社（北京市东城区青年湖南街 13 号 邮政编码 100011）
印 装：北京新华印刷有限公司
880mm×1230mm 1/32 印张 9 字数 333 千字 2024 年 2 月北京第 1 版第 6 次印刷

购书咨询：010-64518888 售后服务：010-64518899
网 址：http://www.cip.com.cn
凡购买本书，如有缺损质量问题，本社销售中心负责调换。

定 价：38.00 元 版权所有 违者必究

前言
PREFACE

　　温室、大棚等设施蔬菜栽培技术是为蔬菜商品化各阶段提供最适宜的环境和条件，以摆脱自然环境和传统生产条件的束缚，获得高产、高效、优质、安全蔬菜产品的现代农业生产方式，具有技术装备化、过程科学化、方式集约化、管理现代化的特点。

　　近年来，我国设施蔬菜产业发展规模稳步提高，据报道，连栋温室、节能日光温室、塑料大棚以及中小拱棚栽培技术协调发展，同时产量和效益获得巨大提升。2010 年蔬菜播种面积达 2.3 亿亩（1 亩 =666.7m²）左右，产量 5 亿吨，人均占有量由 170kg 左右增加到 370kg 左右，其中设施蔬菜面积超过 350 万公顷，日光温室面积超过 38 万公顷，设施蔬菜总产量超过 1.7 亿吨，占蔬菜总产量的 25%。2013 年我国设施蔬菜面积 5793 万亩，产量达到 2.6 亿吨。设施蔬菜装备水平也显著提高，蔬菜生产的耕种、灌溉、植保等作业机械装备及温室智能化环境控制装备水平不断提高，生产环境明显改善，劳动强度有效降低。设施蔬菜收入效益明显，从实际情况看，设施蔬菜是高效产业，1 亩设施蔬菜一般纯收入 2 万多元，是 1 亩露地蔬菜纯收入的 10 倍、1 亩粮食作物纯收入的 30 倍。

　　此外，发展空间依旧广阔。虽然目前全国大棚蔬菜产品丰富了淡季蔬菜市场供应，抑制了淡季菜价上涨，但是大城市的蔬菜自给率仍不足 30%，提高大城市的蔬菜自给率需要进一步发展大棚蔬菜，增加淡季蔬菜供应量。

　　随着大棚蔬菜的快速发展，一些新技术逐步得到推广应用，如黄板、蓝板、性诱剂等物理防治病虫害技术，蔬菜水肥一体化技术，穴盘育苗、漂浮育苗等集约化育苗技术，夏季遮阴避雨栽培、多层覆盖越冬栽培等，使蔬菜产品供应期更加提前和延后，充分保证了产品的质量，增加了上市蔬菜的品种花色，使其均衡上市。

　　但在栽培过程中暴露出来的问题也逐渐增多，如目前全国各地普遍出现土壤盐渍化、酸化等污染问题，蔬菜大棚的管理维护未得到充分认识，受大棚小气候条件的限制土传病害越来越多，等等。

为便于菜农更好掌握大棚蔬菜栽培技术，笔者以菜农在大棚蔬菜生产中常遇到的问题为重点，以大量第一手高清彩图的方式，从大棚选址→大棚搭建→育苗→栽培管理→主要病虫害防治→几种主要蔬菜大棚栽培技术几个方面着手，图解大棚蔬菜栽培关键技术，使读者能识图操作。

本书在编写过程中，得到了湖南省人民政府蔬菜领导小组办公室主任、湖南省农业委员会经作处副处长谭建华的悉心指导，湖南省蔬菜协会曹建安、陈天奇给予了必要的支持。在此一并致谢。

参与本书编写的还有李丽蓉、张有民、李艳、谭丽、谭卫建、徐洪、简琼辉、唐慧丽、胡为、杨毅然、何延明、李光波、周铭、贺铁桥等同志。由于编者水平有限，疏漏和不当之处难免，恳请读者、同行批评指正。

王迪轩

2018 年元月

目录
CONTENTS

第一章　大棚蔬菜的选址布局

第二章　大棚的搭建

第三章 大棚蔬菜育苗

第四章 大棚蔬菜田间管理

第五章　大棚蔬菜病虫害防治

第六章　几种蔬菜大棚栽培技术

第一章
大棚蔬菜的选址布局

第一节
选址要求

一、基本要求

大棚基地必须符合无公害或绿色食品、有机食品生产标准要求，避开土壤、水源、空气污染区，远离公路、工厂，防止汽车尾气、工业废气、废液、废渣、重金属及粉尘、烟尘污染，保障产品质量安全。在进行大棚蔬菜无公害安全生产时，空气质量是很大的制约因素，无公害大棚蔬菜产地棚室内的空气质量应符合表1-1的要求。

表1-1　棚室内空气质量要求

项目	浓度限值 / (mg/m³)			
	日平均		1h 平均	
总悬浮颗粒物（标准状态）	≤ 0.30			
二氧化硫（标准状态）	≤ 0.15[①]	≤ 0.25	≤ 0.50[①]	≤ 0.70
氟化物（标准状态）	≤ 1.5[②]	≤ 7		

①菠菜、青菜、白菜、黄瓜、莴苣、南瓜、西葫芦的产地应满足此要求。
②甘蓝、菜豆的产地应满足此要求。
注：1. "日平均"指任何一日的平均浓度。
2. "1h 平均"指任何 1h 的平均浓度。

二、向阳背风

地势开阔，地形空旷，东、南、西三个方向没有高大树木、建筑物或山岗遮阳，保证大棚具有充足光照条件。避开风口、风道、河谷、山川，因为在这些地方修建大棚，不仅会加大大棚的散热量，使棚内温度难以维持，而且极易遭受风害，造成棚塌膜损。大棚北部如果没有山、丘陵作天然风障，最好栽植防风林或修建房屋以屏障北风，减少为害。平原地区，大棚不宜搭建于屋后或房屋的左右。

三、土层深厚

在进行大棚蔬菜无公害安全生产时，产地土壤环境质量应符合表 1-2 的要求。土层要深厚，土质要疏松肥沃，无盐渍化。一般黑色砂壤土吸收光热的能力强，容易提高地温，是建造大棚的最好土壤。避免选择黏性重或土壤有机质含量低、保水保肥性差的田块。地下水位要低，如果地下水位高，土壤含水量大，会增加棚内的相对湿度，容易导致病害的发生。

表 1-2　土壤环境质量要求

项目	含量限值					
pH	< 6.5		6.5 ~ 7.5		> 7.5	
镉 /（mg/L）	≤ 0.30		≤ 0.30		≤ 0.40[①]	≤ 0.60
汞 /（mg/L）	≤ 0.25[②]	≤ 0.30	≤ 0.30[②]	≤ 0.50	≤ 0.35	≤ 1.0
砷 /（mg/L）	≤ 30[③]	≤ 40	≤ 25[③]	≤ 30	≤ 20[③]	≤ 25
铅 /（mg/L）	≤ 50[④]	≤ 250	≤ 50[④]	≤ 300	≤ 50[④]	≤ 350
铬 /（mg/L）	≤ 150		≤ 200		≤ 250	

①白菜、莴苣、茄子、芥菜、苋菜、芜菁、菠菜的产地应满足此要求。
②菠菜、韭菜、胡萝卜、白菜、菜豆、青椒的产地均应满足此要求。
③菠菜、胡萝卜的产地应满足此要求。
④萝卜、水芹的产地应满足此要求。
注：本表所列含量限值适用于阳离子交换量 > 5cmol（厘摩尔）/kg 的土壤，若阳离子交换量 ≤ 5cmol/kg，其标准值为表内数值的半数。

土壤肥力好坏决定了大棚蔬菜的营养供应情况好坏，从而影响蔬菜的产量以及质量的高低。进行大棚蔬菜安全生产时，应尽量选择肥力较高的土壤进行生产，以保证蔬菜的产量和质量。确定大棚内土壤肥力水平高低可根据表 1-3 进行。

表 1-3　保护地菜田土壤肥力分级表

肥力等级	保护地菜田土壤养分测试值				
	全氮 /%	有机质 /%	碱解氮 / （mg/kg）	磷（P_2O_5） / （mg/kg）	钾（K_2O） / （mg/kg）
低肥力	0.10 ~ 0.13	1.0 ~ 2.0	60 ~ 80	100 ~ 200	80 ~ 150
中肥力	0.13 ~ 0.16	2.0 ~ 3.0	80 ~ 100	200 ~ 300	150 ~ 220
高肥力	0.16 ~ 0.26	3.0 ~ 4.0	120 ~ 200	300 ~ 400	220 ~ 300

四、灌排方便

新建大棚基地水源要近、水质要好、供电要正常、排灌设施要齐全，以保证全天候能灌能排。在进行无公害大棚蔬菜安生时，灌溉水质量也是很大的制约因素。医药、化学试剂、农药、石化、焦化和有机化工等行业的废水（包括处理后的废水）不允许作为无公害大棚蔬菜产地的灌溉水。

五、交通便利

路网发达，晴雨通车，交通方便，有利于产品运销和建立产地市场。但大棚不能建于交通繁忙的公路两旁，以免大量的公路灰尘沉积（黏附）于大棚膜上面影响透光性；也不能远离公路或机耕路，使得运输不便。

新建大棚基地是一种相对固定、使用时间较长的栽培设施，选好地块以后必须进行规划，尤其是面积较大、集中连片的大型基地，更要根据自然环境条件，对大棚的方向和布局，基地内的道路、沟渠、水池、电力、住房等设施进行科学合理统筹规划，才能开工建设，以保证土地的高效利用、生产管理的及时科学，高产高效优质目标的实现。

第二节

布局和规划要求

一、大棚的规格

1. 大棚面积大小

南方大棚面积较小（图 1-1），一般为 333.5m²，也有 200m² 的。长

$40 \sim 60m$，宽 $10 \sim 12m$。太长两头温差大，运输管理不方便，太宽通风换气不良，也增加设计和建造的难度。中高以 $2.2 \sim 2.8m$ 为宜，大棚越高承受风负荷越大，但大棚太低，棚面弧度小，易受风害，积雪不易下滑，容易造成塌棚，雨大时会形成水兜（图1-2），也有塌棚的危险。

▶ 图1-1　合理安排大棚大小

▶ 图1-2　大棚太低形成的水兜现象

2. 大棚的走向

根据太阳高度角的年变化规律，以及我国南方地区冬季的气候状况，大棚的走向一般应该为南北向。这种走向有利于大棚充分而比较均匀地接受阳光，棚内的温度也比较均匀，早春升温快。但在一些特殊的地区，如山区，由于冬春季盛行偏西风，若大棚南北向建造，易遭受大风的影响，不仅不利保温，而且在通风时容易发生冷害甚至冻害。所以，对于这些地区可顺冬春季节的风向建造大棚。

3. 大棚的跨度

大棚的跨度受两侧低温或冻土层影响小，一般为6m左右。跨度小，棚面弧度大，利于排水。

4. 大棚的长宽比

大棚的长宽比与稳定性有关，相同的大棚面积，长宽比值越大，周长越长，地面固定部分越多，大棚的稳定性越好。通常以长宽比 ≥ 5 为宜。

二、大棚的合理棚型与高跨比

塑料大棚的稳固性与架材、膜质量、压膜线质量、弧度、高跨比有关。风害造成棚膜破损主要与风速形成举力有关。当风速等于0，棚内外的空气压强相等，对大棚影响不大。风速加大，棚外空气压强减小，棚内外出现了空气压强差，由于棚内压强大于棚外，产生举力，使棚膜鼓起，压强差愈大，举力愈大，棚膜摔打现象越严重（图1-3）。

在一定风速下，棚面弧度、高跨比不同，抗风力亦有差别。弧度小，掠过棚面风速快，抗风力差。流线型棚面弧度大，风速被削弱，抗风力就好些。矢高与跨度比反映棚面的弧度，比比值大则弧度大，南方大棚此比值以0.3～0.4为好。其计算方式为：

$$带肩大棚高跨比 = \frac{棚高 - 肩高}{跨度}$$

▶ 图1-3　风大造成棚膜摔打破裂

三、大棚间的间隔距离

大棚之间应该有一定的间隔距离（图1-4）。这种间隔不仅有利于排水，而且更重要的是使得大棚能够接受较多的光照、减少遮阴、有利于通风换气等大棚操作。一般并排搭建的单体大棚之间的间隔距离应在1.5～2m，其空隙可作露地栽培或小拱棚栽培，不会浪费土地；大棚两头之间的间隔距离应在2.5m以上。连栋大棚之间的间隔距离可在单体大棚的基础上再适当扩大。

▶ 图1-4　棚与棚之间应有一定的距离

四、大棚群的规模

就单一农户来说，大棚群的规模应根据其自身的经济实力、劳动力等确定，但对一个蔬菜基地来说，大棚应该有一定的规模（图1-5），其作用主要为利于规模经

▶ 图1-5　某基地合理规划的大棚群

营、茬口安排。当然大棚群规模不能太大，必须量力而行、规模适度，并根据当地的实际情况灵活掌握。

五、大棚配套（附加）设施

目前，大棚生产基地一般均有一定的规模，同时大棚的正常生产需要一定的配套设施。所以，在大棚搭建时应设置道路、排水沟、电力、杀虫灯等设施（图1-6）。

▶图1-6　大棚沟渠路、杀虫灯等配套设施

第二章

大棚的搭建

第一节

拱形钢架大棚的设计与建造

拱形钢架大棚除了用于蔬菜、食用菌、花卉生产外，目前还发展到矮化果树、林业育苗等经济林果的生产及畜牧渔业。一个标准单栋拱形钢架大棚（图2-1），长度40 m、跨度 8 ~ 8.5 m、高度 3.1 ~ 3.5 m，为目前蔬菜生产上应用最为广泛的大棚类型，现介绍其设计与建造安装技术。

▶ 图 2-1　一个标准的拱形钢架大棚（培育秋大白菜苗）

一、拱形钢架大棚设计参数

1. 大棚总体设计要求

安全性：钢架大棚结构及其所有构件必须能安全承受包括恒载在内的可能的全部荷载组合，任何构件危险断面的设计不得超过钢管材料的许用应力，钢架大棚及其构件必须有足够的刚度以抵抗纵、横方向扭曲、振动和变形。

耐久性：钢架大棚的金属结构零部件要采取必要的防腐、防锈措施，覆盖材料要有足够的使用寿命。

稳定性：钢架大棚及其构件必须具有稳定性，在允许荷载、压力、推力下不得发生失稳现象。

完整性：钢架大棚必须具有总体的完整性。因外力作用局部损坏时，钢架大棚结构作为一个整体应能保持稳定，不至于发生多米诺骨牌效应。

总体指标要求：风载 > 0.25kN/m^2；雪载 > 0.2kN/m^2；恒载 > 0.2kN/m^2；作物荷载 > 0.15kN/m^2；大棚主体结构使用寿命 10 年以上。

2. 田间设计参数

大棚朝向：大棚的朝向是指大棚脊的走向。大棚的朝向应结合本地纬度及主风向综合考虑。在我国大部分纬度范围内，大棚的朝向宜取南北延长走向，使大棚内部各部位采光均匀。若限于某些条件必须取东西走向，要考虑大棚骨架遮阴对作物的正常生长发育产生的影响。

排列方式：大棚之间呈东西向对称式排列（图2-2），相邻大棚间距 1~1.5m。每排大棚之间修机耕

▶ 图2-2 大棚排列方式示意图

道，棚头间距 ≥ 4~5m。这种排列方式可使通风速度快，相互遮光少，保温效果佳，机械作业便利。

3. 四角定位

首先确定大棚的一条边线，在边线上定位 2 个角点，然后用勾股定理定位第 3 个角点，最后根据两条边线的长度定位第 4 个角点。4 个角点的高度要用水平仪测量，使其保持一致，大棚对边长度必须一样，保证 4 个大棚角是直角。一个标准拱形钢架大棚跨度 8~8.5m，长度 40~60m，棚内面积 320~520m^2。

4. 结构设计参数

长度：建造长度依地块而定，40~60m 为宜。

跨度：是指管棚骨架两外侧壁钢管与地面接触部位中心线之间的距离。2 根 6m 长的标准钢管刚好可以连接建造成一副拱架，跨度以 8~8.5m 为宜。如加大跨度，需另加立柱或做桁架结构。

肩高：是指拱杆两侧直线以上过渡圆弧中心到地面的距离。用于蔬菜花卉育苗的可设计肩高为 1~1.3m；用于黄瓜、豇豆、果树等较高作物种植的大棚，肩高可提高至 1.6~1.9m，同时需加装斜撑杆，以提高大棚的承载能力。

脊高（顶高）：指管棚骨架最高处与棚内自然地面之间的距离。脊高以 3.1~3.5m 为宜。8~8.5m 跨度大棚脊、肩垂直高差以 1.9m 为宜。此种设计，形成的拱面对太阳光反射角小、透光率高，能充分利用钢管的力学性能，最大化地利用拱架的抗拉、抗压性能，同时能解决棚面过平导致"滴水"，造成"打伤作物"、诱发病害的问题。

拱间距：是指沿大棚长度方向相邻两道拱杆之间的中心距离，以 80~100cm 为宜。避风或风力不超过 6 级的地区，拱架间距应 ≤ 100cm；在风力较大的地区拱架间距 ≤ 80cm。

二、拱形钢架大棚材料

1. 主要材料

拱架：拱架为支撑棚膜的骨架，横向固定在立柱上，呈自然拱形，主要起支撑棚面覆盖物，承受风、雪、吊蔓载荷的作用，提供足够的内部空间。拱架多为碳素结构圆钢管、热镀锌，可直接焊接或装配，外径不得小于 22mm，壁厚不得小于 1.2mm。一般可选用直径 26mm，壁厚 2.5mm 的镀锌钢管。拱架基座可以用 C20 混凝土固定。

拉杆：拉杆是纵向连接立柱、固定拱架的"拉手"，起连接拱架与立柱的作用，能将拱架所受的力传到立柱上，保证大棚骨架的稳定性。拉杆安装在拱架下，不少于 3 道。拉杆为直径 25mm，壁厚 2.5mm 的热镀锌钢管（图 2-3）。

▶ 图 2-3 拉杆

立柱：大棚立柱是大棚骨架中最终受力部分，起主要支撑作用。拱架顶部承受的力，如雪压、风压等可传到立柱上来。立柱采用热镀锌处理，具有防腐蚀的作用。立柱为圆钢管，长度不等，有 2m、3m、4m 三种规格，外径 26mm，壁厚 2.6~3.0mm，两根立柱间距 1.1~1.2m。

斜撑杆：斜撑杆长 4m，外径和壁厚与立柱相同，一个钢架大棚至少需要 4 根斜撑杆。大棚长度超过 50m 需要增加斜撑杆（图 2-4）。

▶ 图 2-4　斜撑杆安装示意图

2. 配件材料

拱形钢架大棚配件材料主要有拱架连接弯头、拉杆压顶簧、拉杆管头护套、U 型卡、夹裱、固膜卡槽、卡槽连接片、卡簧（图 2-5）、卡槽固定器（图 2-6）、门座、门锁、门包角、压膜卡、卷膜器（图 2-7）、双梁卡、引线簧及专用螺栓和标准螺栓等。所有配件材料的设计和选用须满足强度要求，不应有明显的毛刺、压痕和划痕。固膜卡槽选用热镀锌或铝合金固膜卡槽，宽度 28~30mm，钢材厚度 0.7mm，长度 4~6m。卡簧用刚性钢丝弯曲成型，在卡槽铺上塑料薄膜后，将它嵌入槽内，可固定薄膜。

▶ 图 2-5　卡簧

▶ 图 2-6　员工在维护卡槽和裙膜

▶ 图 2-7　棚头卷膜器

3. 棚膜材料

棚膜首选乙烯 - 醋酸乙烯（E-VA）农用塑料薄膜，也可选用聚乙烯（PE）或聚氯乙烯（PVC）膜，宽度 12m，厚度 0.08mm 以上，透光率 90% 以上，使用寿命 1 年以上。棚膜于无风晴天覆盖，用卡槽固定。裙膜选用厚度 0.04mm，宽度 0.6 ~ 1.0m 的中膜。一个标准单栋拱形钢架大棚需要棚膜 48kg，中膜 5kg。

棚体两侧每隔 3 ~ 5m 用压膜线连接预埋挂钩固定棚膜。压膜线采用内部添加高弹尼龙丝、聚丙烯丝线或钢丝的高强度压膜线，其抗拉性好，抗老化能力强，对棚膜的压力均匀。

灌溉材料：采用节水灌溉系统（图2-8），由泵房设备（电动潜水泵、过滤器、施肥器及附属设备）、棚外管网（主支、毛管）及棚内管带（微型喷头、滴灌管带、渗灌管带、喷灌管带、灌水器滴头）三部分组成，溶解于水的化肥和农药可通过灌溉管网施用。棚内管带材料多选用直径 32mm 的喷灌带。

▶ 图 2-8　大棚内的节水灌溉示意图

4. 防虫网材料

防虫网（图 2-9）安装在大棚两侧的通风口上，用卡簧固定在卡槽中，防止通风时害虫进入。防虫网的材料类型主要有：不锈钢网、黄铜网、聚乙烯单线网、聚丙烯多股网、尼龙网等。一般选用幅度1m 的 40 目尼龙防虫网。防虫网的颜色以白色和无色透明为主，也可以是黑色或银

▶ 图 2-9　大棚两侧防虫网安装示意图

灰色的。白色和无色防虫网的透光性好，黑色防虫网的遮光效果好，银灰色防虫网的避蚜效果好，选用何种颜色的防虫网应依据现场环境和需要而定。

三、拱形钢架大棚建造安装技术

1. 拱架安装

拱架（图 2-10）即镀锌半圆拱钢管，8 ~ 8.5m 宽大棚，单根拱架长 6m，

► 图 2-10　安装拱架示意图

直径 22～26mm，壁厚 1.2mm 以上。为便于运输，拱架多采用现场加工，加工设备时可根据所需弧形和肩高，通过角铁焊接而成。安装时先在拱架一头 30cm 处，统一标记插入泥土的深度，然后沿大棚两侧拉线，间隔 60～90cm 用直径 28～32mm 的钢钎或电钻打一深 30cm 的洞孔，洞孔外斜 5°，最后将拱架插入洞孔内，用眉形弯头连接拱架顶端即可。安装拱架要求插入深度一致，左右间距和内空间距一致，以保证大棚顶斜面和左右侧面平整。

2. 拉杆安装

拉杆亦称纵向拉杆、横拉杆，俗称梁。一个大棚 1 道顶梁 2 道侧梁，风口等特殊位置需要加装 2 道，共安装 5 道拉杆。拉杆单根长 5m，40m 长的大棚，3 道梁需要拉杆 24 根。连接拉杆时先将缩头插入大头，然后用螺杆插入孔眼并铆紧，以防止拉杆脱离或旋转。上梁时，先安装顶梁，并进行第一次调整，使顶部和腰部达到平直；再安装侧梁，并进行第二次、第三次调整，使腰部和顶部更加平直。如果整体平整度有变形，局部变形较大应重新拆装，直到达到安装要求。安装拉杆时，用压顶弹簧卡住拉杆压着拱架，使拉杆与拱架成垂直连接，相互牵牢。梁的始末两端用塑料管头护套，防止拉杆连接脱落和端头戳破棚膜。拉杆安装要求每道梁平顺笔直，两侧梁间距一致，拱架上下间距一致，拉杆与拱架的几个连接点形成的一个平面应与地面垂直。

3. 斜撑杆安装

拉杆安装完后，在棚头两侧用斜撑杆将 5 个拱架用 U 型卡连接起来，防止拱架受力后向一侧倾倒。斜撑杆斜着紧靠在拱架里面，呈"八"字形。每个大棚至少安装 4 根斜撑杆，棚长超过 50m，每增加 10m 需要加装 4 根。斜撑杆上端在侧梁位置用夹裸与门拱连接，下端在第 5 根拱管入土位置，用 U 型卡锁紧，中部用 U 型卡锁第 2、3、4 根拱架上。

4. 卡槽安装

卡槽又称固膜卡槽、压膜槽，安装在拱架外面，分为上下两行，上行距地面高150cm，下行距地面高60~80cm。安装时校正拱架间距，用卡槽固定器逐根卡在拱架上固定，卡槽头用夹裱连接在门拱或立柱上。单根卡槽长3m，用卡槽连接片连接。安装前先在拱架上做出标记或拉上细绳子，这样安装的卡槽才会纵向平直，高低一致，不会歪斜。

5. 棚门安装

棚门（图2-11、图2-12）安装在棚头，作为出入通道和用于通风，南头安装2扇门，竖4根棚头立柱，2根为门柱，2根为边柱，起加固作用；北头安装1扇门，竖6根棚头立柱，中间2根为门柱，两侧各竖2根边柱。立柱垂直插入泥土，上端抵达门拱，用夹裱固定。大棚门高170~180cm，门框宽80~100cm，门上安装有卡槽。棚门用门座安装在门柱上，高度不低于棚内畦面。门锁安装铁柄在门外，铁片朝内。

▶ 图2-11　棚门材料

▶ 图2-12　棚门安装后的示意图

6. 棚膜安装

覆盖棚膜前要细心检查拱架和卡槽的平整度。拱形钢架大棚塑料薄膜宽12m，棚膜幅宽不足时需黏合。黏合时可用粘膜机或电熨斗进行，一般PVC膜黏合温度130℃，EVA及PE膜黏合温度110℃，接缝宽4cm。黏合前须分清膜的正反面。粘接要均匀，接缝要牢固而平展。裙膜宽度60~100cm。覆盖棚膜要选无风的晴天，并分清棚膜正反面。上膜时将薄膜铺展在大棚一侧或一头，然后向另一侧或一头拉直绷紧，并依次固定于卡槽内，两头棚膜上部卡在卡槽内，下部埋于土中。

7. 通风口安装

通风口设在拱架两侧底边处，宽度80~100cm。选用卷膜器通风（图

2-13）时，卷膜器安装在棚膜的下端，向上摇动卷轴通风。安装卷轴时，用卡箍将棚膜下端固定于卷轴上，每隔80cm卡一个卡箍，摇动卷膜器摇把，可直接卷放通风口。大棚两侧底通风口下卡槽内安装40～60cm高的挡风膜。

▶图2-13　卷膜器卷膜通风示意图　　▶图2-14　棚门位置安装防虫网示意图

8. 防虫网安装

在通风口及棚门位置安装防虫网（图2-14）。安装防虫网时，截取与大棚等长的防虫网，宽度1m，防虫网上下两面固定于卡槽内，两端固定在大棚两端卡槽上。

9. 内膜安装

大棚冬春季种植除覆盖地膜、小拱棚膜和棚膜外，还可加设一层内膜。内层膜安装在外层膜下15～25cm处，可采用圆弧形架或平棚架的形式搭建（图2-15、图2-16），内层拱架可选用竹竿或钢筋或拉网式拉绳，竹竿或钢筋架间距3～5m。棚内每畦用竹竿或竹片起拱，高0.8～1.2m，覆盖小拱棚膜，畦面覆盖地膜。也可用尼龙绳吊挂内膜。

▶图2-15　圆弧形内膜架示意图　　▶图2-16　平棚架形内膜架示意图

10. 灌溉设备安装

灌溉设备安装采用半固定管道式喷灌安装系统。泵房设备（图2-17）、棚外主支管网等常年固定不动，棚内管带（图2-18～图2-20）一季作物罢园后拆除，待土地耕整作畦后再安装。这种安装方式投资适中，操作和管理较为方便，是目前使用较为普遍的一种管道式喷灌安装系统。

▶ 图2-17 灌溉用泵房

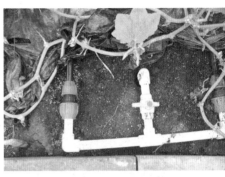

▶ 图2-18 大棚黄瓜膜下滴灌系统

▶ 图2-19 大棚西瓜膜上滴灌系统

▶ 图2-20 基质栽培滴灌示意图

屋脊式竹架大棚的建造

屋脊式竹架大棚（图2-21）为较早在蔬菜生产上应用的大棚类型，目前生产上应用逐渐减少，但由于其具有取材方便、成本低廉等优势，在一些农户中有一定的应用市场。

▶图 2-21 屋脊式竹架大棚示意图

一、建造技术

屋脊式大棚宽 8~12m，长 30~40m，大棚顶高 2.5~3m，肩高 1.5m。大棚的立柱分中柱（1 排）、侧柱（每侧 1 排，共 2 排）、边柱（每边 1 排，共 2 排）。大棚建造时，可用石灰画出棚四边的线，在短边的中央标出中柱位置，然后在中柱与边柱点的中央标出侧柱点，用石灰分别将两端的中柱点、侧柱点进行连接。用钢钎或铲按中柱柱距 3m、侧柱柱距 3m、边柱柱距 1m 的距离挖深 50cm 的立柱坑，下垫砖或水泥沙砂浆。埋立柱时使同一排立柱成直线，保持同一排立柱顶部高度相同，并用水泥砂浆夯实。

固定拉杆时要去掉毛刺，用火烤直，然后用铁丝固定在立柱上。拱杆可用直径为 2~3cm 的竹竿为材料，拱杆杆距 1m，拱杆的一端与边柱相连，一端搭在中柱上的拉杆上，在两根拱杆的接合处、拱杆与边柱接合处要用宽约 3cm 的光滑竹片连接固定好，接头处用废薄膜或布条包好，以防刮破棚膜。

大棚的两头要用竹子绑成格子，以便阻挡大风吹开两头的薄膜，中间留一个宽 70cm、高 160cm 的门，用于人、物进出。边柱上可绑 2~3 道横栏，但在绑边柱的肩横栏时，不能绑至边柱的顶端，而是绑在边柱顶端向下

15～20cm 处，以防雨季因棚膜积水而压垮大棚。大棚骨架搭建好后覆膜。

二、大棚消毒

　　大棚因通风透光比露地差，棚内闷热多湿，易发生病虫害，因而在大棚种植前应做好消毒工作。目前最经济实用的消毒方法是高温闷棚，即在6～8月选晴朗高温天气进行大棚土壤耕翻，覆盖大棚薄膜，密闭大棚，在大棚中用稻草作小草堆，稻草上覆盖一层木屑，木屑上撒硫黄，然后点燃稻草（注意不能产生明火）熏烟，同时用敌敌畏拌上木糠撒在棚内。利用密闭大棚白天 60～70℃的高温、杀虫剂，以及硫黄燃烧产生的二氧化硫、三氧化硫进行灭菌灭虫，闷棚 7d 后掀开薄膜通风 2～3d 就可以进行种植。

第三节

水泥骨架大棚的建造

　　水泥骨架大棚（图 2-22）的造价介于竹架大棚和钢架大棚之间，为 20 世纪 90 年代中期开始大力推广应用的一种类型，最显著的特点是使用寿命长达 20 年。目前有些基地还在使用原来建造的水泥骨架大棚，近年来，在生产上新安装的水泥骨架大棚因生产厂家减少已较少。

一、水泥骨架大棚的安装

　　应选择地势较高、地形平坦、交通方便处，土质宜为壤土、砂壤土或黏壤土，

▶ 图 2-22　水泥骨架大棚（栽培莴笋）

设置走向宜南北向，单体大棚间距 1.5～2m，两排大棚间隔 2.5m 以上，连栋大棚之间的间隔距离可在单体大棚的基础上再适当扩大。按宽度 6.2m 和所需长度定位，并在两头各留 1m 余地后，拉线放样、确定基脚线。

　　安装前应先检查水泥骨架，并将预留孔内的残留水泥清理干净后进行配对。

　　在基脚线的两头和正中间架三拱骨架作为标准架。在安装标准架时，两边先各挖一个口径为 15cm×15cm、深 45cm 的脚洞，洞底垫半块红砖，再将骨架安装其上，用竹（木）杆交叉稳住拱架，并由棚顶纵向拉一根中线以控制棚高（内空 2.2m 或 2.3m 或 2.4m）。两端拱架顶上各吊一校准砣，与两

头基脚线成垂直状。然后压紧埋实架脚，再将原基脚线向上移至裙膜孔处作为准线以确定棚的宽度。若棚过长，则需在中间增设标准架。

按 1.09m 间距，两边同时挖好脚洞，垫半块砖，将两片骨架对拱接合，调整高度和宽度到合适位置，再穿入螺丝，适当紧固螺帽，然后将入土架脚埋压紧实，并在连杆连接前用竹（木）杆交叉撑稳拱架，避免晃动和倾斜。装配时，应边挖脚洞，边安棚架。

当棚架架起 4~5 拱后，用 14 号铁丝将连杆与架孔扭紧扎牢，先连棚顶，边架边连。要求拱架始终与地面垂直，切忌向一方倾斜。

棚架整体连接后，两头用构件和螺丝连接 4 根预制的拱头向内顶住棚架。折叠门与中间拱头连接。拱头脚部需用混凝土浇灌固定，以增加撑力。

然后覆盖薄膜。先牵裙膜。裙膜上方与尼龙绳一起缝合成圆筒头状，用绳索将尼龙绳、裙膜与拱架连接处用布或塑料包裹平整，两头各留出 3m 左右长膜覆盖两端，再将顶膜拉开覆盖整个棚顶，并将两头棚膜拉紧实后，再在每拱中间各拉一根压膜带。在拉紧压膜带时，注意先中间后两边，间隔均匀，松紧一致，并且带、膜与连杆之间稍留间隙。固定压膜带可用 8 号铁丝，拴固在拱脚架预留孔处，也可就地钉木桩拉紧。

折叠门安装在大棚一头中间两根拱头的连接螺丝上，门膜用压条和螺丝紧固。使用时，开门，向上翻折；关门，直接放下。

一般初次装棚，可请水泥大棚生产厂家的技术人员作指导。大棚搭建后，还要设置排水沟、电力等配套设施。

二、水泥大棚的维护

1. 在搭建时要安装牢固

（1）棚脚入土到位　大棚脚的入土深度一定要达到 40cm 的标准。因棚脚边缘的土壤，一般会因耕作逐年下降，棚脚入土变浅，造成大棚倾斜。

（2）连接杆扎紧扎牢　大棚的三道连接杆与骨架接触部位用铁丝扎紧扎牢，可用竹竿做连接杆，竹竿会干燥收缩而松动，应经常检查，随时扎紧，并间隔 2~3 年更换一次，以防竹竿老化，大棚倾斜。

（3）大棚支撑牢固　水泥大棚两端的混凝土支撑杆，用两长两短，即两根短撑杆与连接杆对准，底部离第一副骨架的底部 1~1.5m；两根长撑杆的宽度可与棚门相结合。为使大棚更牢固，可在大棚两端的内侧用毛竹搭成剪刀形支撑杆。对 50m 以上的大棚宜在棚中间的两侧加搭一副剪刀撑，一个较长的大棚共用 6 副剪刀撑。

2. 应认真养护棚架

（1）及时扶正骨架　如土地不平整，土层厚薄疏松不一，大棚可能会向一端倾斜，一旦发现应及时抓紧扶正。方法是：用3道绳索或者铁丝，把骨架从相反方向拉住，或用竹竿在相反方向撑住，逐副扶正。扶正前，先将相反方向骨架底部的土松开，以防用力过猛使骨架折断，扶正后再夯实。可在轻质大棚骨架内每3~5架再斜绑一道毛竹，以防变形。

（2）防止人为增加负荷　不要任意把扁豆、丝瓜、南瓜等攀缘果蔬牵到大棚上，遇到刮风下雨其给骨架增加的负荷难以承受，容易造成骨架裂缝、折断、倒塌。

（3）及时夯实棚脚　由于土壤本身在自然界中的涨墒、缩墒及雨水冲淋等关系，间隔一段时间后，脚洞还土会自然形成空洞间隙，如遇连续干旱后暴雨，极易造成大棚倾斜、损毁，每年至少要对棚脚的脚洞进行2次还土。

3. 经常进行维护

（1）棚膜维护　在大棚使用过程中，注意不要用尖锐物在棚膜上碰撞，以免划破棚膜。万一棚膜出现裂口时，可用黏合剂修补或用透明胶带修补。聚乙烯膜可用聚氨酯黏合剂进行修补。经常保持棚膜的清洁，一般棚膜使用2~3年后，必须更换，以免影响透光率，使大棚栽培效益不佳。大棚冬春育苗提倡用新膜。

（2）棚架维护　水泥大棚的棚架内嵌的钢丝、竹片露出，应进行打磨、包裹，以免划破棚膜，个别质差断裂的单架应及时更换，以免影响整体牢固性。

（3）地锚线、压膜带维护　地锚线和压膜带如较松或断裂，应及时紧固和更换。

第三章
大棚蔬菜育苗

冬春季蔬菜营养土育苗

一、冬春大棚蔬菜育苗播种期的确定

1. 制约因素

冬春大棚蔬菜育苗播种期的确定取决于经济方面的因素、栽培技术和栽培设施方面的因素、土壤气候因素、病虫害以及蔬菜生物学特性等。在这些因素中决定播种期的最关键的因素是气候条件，即温度、霜冻、日照、雨量等；以及蔬菜的生物学特性，包括生长期的长短、对温度及光照条件的要求，特别是产品器官对温度及光照的要求，以及对霜冻、高温、干旱、水涝等的忍受能力等。如以为有了大棚保温，盲目提早育苗，结果将造成冻害死苗（图3-1）。

2. 确定播种期的总原则

正好使蔬菜产品器官生长旺盛时期处在气候条件最适宜的月份，或者希望上市的时间，并考虑育苗方式、苗龄长短及秧苗定植时间，向前推算确定播种时间。

▶ 图3-1 盲目提早培育豇豆苗造成冷害死苗

一般都争取早播，但也不可盲目提早，适当缩短蔬菜苗龄，培育嫩壮苗。

3. 电热加温育苗播种期确定

电热加温苗床（图 3-2）能在较短的时间内培育出适龄生理大苗，其日历苗龄比常规苗缩短，播种期可相应推迟。具体的播种期应根据定植期向前推算。在加温育苗的前提下，培育果类秧苗，其日历苗龄和播种期见表 3-1。如果选用早熟品种，并以早熟栽培为目的，可以早播；选用中晚熟品种并主要以丰产栽培为目的，则可迟播。如果育苗设施和技术比较完善，供电较充足，能有效地控制日历苗龄，可适当迟播；反之，适当早播。

▶ 图 3-2　营养坨电热加温苗床培育早熟品种可适当早播

4. 火热加温育苗播种期确定

因火热暗管道加温的床土温度比电热加温稍低，因此秧苗生长速度相应慢些，其日历苗龄要比电加温育苗长 7~10d。一般辣椒、茄子、番茄、黄瓜的日历苗龄分别为 80~100d、75~95d、70~80d、40~50d。各地可根据一般定植期向前推算相应的播种期。在湖南及气候条件相似地区的播种期见表 3-1。

5. 酿热加温育苗播种期确定

酿热加温床（图 3-3）的加温有效期为 20~30d，超过此期限则失去加温作用。在加温有效期内，床温也难以达到所需要求。培育果菜类秧苗时，其日历苗龄需要相应延长，具体播种时间可根据定植期确定。辣椒、茄

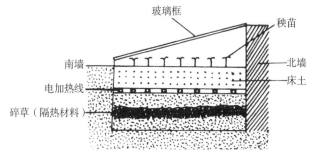

▶ 图 3-3　酿热加温床示意图

子、番茄、黄瓜的日历苗龄应分别达 120～150d、110～130d、90～120d、50～60d。向前推算的具体播种期见表 3-1。在酿热加温的前提下，采取提早播种、大苗越冬的方法，能提高秧苗抗寒力和获得较好的早熟效果。

此外，还有不加温的大棚越冬冷床育苗方式，及不加温的大棚早春育苗方式，其日历苗龄及适宜的播种期均见表 3-1。

表 3-1　几种主要果菜类蔬菜的适宜苗龄和播种期

育苗方法	苗龄与播期	蔬菜种类						
		辣椒	茄子	番茄	黄瓜	西葫芦	丝瓜	苦瓜
大棚越冬冷床育苗	日历苗龄/d	120～150	110～130	90～120	50～60	20～30	20～30	30～40
	播种期	10月上～11月上	10月下～11月上	11月上～11月中	1月下～2月中	2月上～2月下	3月上～3月中	3月上～3月中
大棚酿热温床育苗	日历苗龄/d	120～150	110～130	90～120	50～60	30～40	30～40	40～50
	播种期	10月下～11月下	11月中～12月上	11月下～12月下	1月下～2月中	1月下～2月中	2月上～3月上	2月下～3月上
大棚电热温床育苗	日历苗龄/d	70～90	65～85	60～70	40～45	60～80	50～60	50～60
	播种期	12月中～1月上	12月下～1月上	1月上～1月中	2月上	1月上～1月下	2月中～2月下	2月中～3月上
大棚温室火热育苗	日历苗龄/d	80～100	75～95	70～80	45～50	40～50	30～40	40～50
	播种期	12月上～12月下	12月中～1月上	12月下～1月上	2月上～2月下	1月中～2月上	2月下～3月上	2月下～3月上
大棚早春冷床育苗	日历苗龄/d	90～100	85～95	80～90	50～60	20～30	20～30	30～40
	播种期	1月上～2月上	1月上～2月上	1月上～2月上	1月下～2月中	2月上～2月下	3月上～3月中	3月上～3月中

注：适宜湖南省及气候条件相似地区。

二、种子处理和催芽

1. 种子处理

方法一：温汤浸种（图 3-4）。温汤浸种可以杀灭潜伏在种子表面的病

原菌，并促使种子吸水均匀。其具
体做法是：将种子装在纱布袋中
（只装半袋，以便搅动种子），一般
先放在常温水中浸 15min，然后转
入 55 ~ 60℃的温水中，水量为种
子量的 5 ~ 6 倍，为使种子受热均
匀，要不断搅动，并及时补充热
水，使水温维持在所需温度之内达
10 ~ 15min。随后让水温逐渐下降，
继续浸泡数小时。通常茄果类种子
浸泡 4 ~ 5h，黄瓜、南瓜和甜瓜种
子浸泡 2 ~ 3h，其他瓜类种子依种
壳厚薄相应延长浸泡时间。

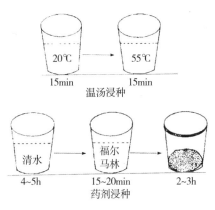

▶ 图 3-4　种子处理示意图

　　温汤浸种要注意严格掌握水温与时间。温度偏低、时间短起不到杀菌效
果；温度过高，时间太长，会烫坏种子。加热水时不要直接倾倒在种子上。
浸种完毕后，要用清水将种子表面的黏液冲洗干净，沥干表面水分。

　　方法二：药剂浸种（图3-4）。药剂浸种防治对象及用药见表3-2。

表 3-2　药剂浸种防治对象及用药

病害名称	用药	处理方法
番茄早疫病	40%甲醛 100 倍液	种子清水浸泡 3 ~ 4h，再用药水泡 15 ~ 20min，取出洗净
辣椒炭疽病及细菌斑点病	1%硫酸铜水溶液	种子清水浸泡 4 ~ 5h，药水泡 5min，洗净
黄瓜炭疽病、枯萎病	40%甲醛 100 倍液	种子清水浸泡 3 ~ 4h，药水泡 30min
番茄花叶病	磷酸三钠 10 倍液或氢氧化钠 50 倍液	种子清水浸泡 3 ~ 4h，药水浸 15min

　　方法三：低温锻炼。将幼苗的种子在 0 ~ 2℃放置 12 ~ 18h，再移入
18 ~ 22℃的环境放置 12 ~ 16h，直至种子出芽，可提高抗寒性，使生育期提
前、早期产量高。

　　方法四：微量元素浸种。0.02%硼酸浸泡番茄、茄子、辣椒 5 ~ 6h；
0.2%硫酸铜、硫酸锌、硫酸锰浸瓜类，茄果类蔬菜可增产；0.3% ~ 0.5%小
苏打溶液浸瓜类种子，可早熟、增产。

方法五：药剂拌种。茄果类用70%敌黄钠，用药量为种子干重（以下同）的0.3%；0.2%二萘醌，防治立枯病；0.3%～0.4%氧化亚铜防治黄瓜猝倒病；50%福美双防治菜豆叶烧病；70%敌黄钠防治菜豆炭疽病。

2. 催芽

经过浸种吸水膨胀的种子，放到适宜温度条件下促使发芽的过程叫催芽（图3-5）。催芽可在人工创造的条件下进行，种子集中，容易掌握。经催芽的种子，播种后出土快，可减轻冬季育苗畦因温度低、出土缓慢产生的烂种现象。

（1）催芽的温度　浸好的种子稍晾一下后即可按表3-3中蔬菜种子浸种、催芽的温度和时间进行催芽。催芽期间每天用25～30℃温水冲洗1～2次，待露白时即可播种。

▶图3-5　催好芽的丝瓜种子

表3-3　主要蔬菜种子浸种、催芽的温度、时间

蔬菜种类	浸种时数 /h	催芽温度 /℃	催芽天数 /d
黄瓜	8～12	25～30	1.5～2
南瓜、西葫芦	8～12	25～30	2～3
冬瓜	36	28～30	6～8
丝瓜	12～24	25～30	4～5
瓠瓜	24	25～30	4～5
苦瓜、蛇瓜	24	30	6～8
番茄	10～12	25～27	2～4
辣椒	12～24	25～36	5～6
茄子	24～36	30	5～7
甘蓝、花椰菜、茎蓝	3～4	18～20	1.5
茼蒿	8～12	20～25	2～3
芹菜	36～48	20～22	5～7
菠菜	24	15～20	2～3
莴笋	3～4	20～22	
矮生菜豆	2～4	20～25	2～3

（2）催芽的方法　将种子从水中捞出，用拧去水分的湿毛巾搓擦种子，吸出过多的水分，将其包于 2～3 层湿纱布或湿毛巾中，纱布、毛巾也不要含水过多，一般包种 100～200g，不要包种过多。然后放入适宜温度条件下催芽，每天早晨淘洗一次，除去多余黏液，再按上述方法包好。一般瓜类 1.5～2d，番茄 2～3d，茄子、辣椒 4～7d，即可发芽播种。优良的新种子发芽快，陈种子晚出芽 1～3d。下面介绍 6 种催芽方法。

①瓦盆火炕催芽　将瓦盆底部和周围放置一厚层湿润稻草，将种子用纱布包好放入盆中，再盖一层湿麻袋片，防止水分蒸发，将瓦盆放入热炕上，可借火炕温度催芽。

②温室阳畦催芽　将以上瓦盆放入温室或阳畦内，保持一定温度。如无温室阳畦，也可在向阳墙根下挖一小池，将瓦盆用棉絮或稻草包好，放入池内，上盖塑料薄膜，夜间加厚草帘保温。

③随身携带法　种子量较少或天气寒冷的情况下可将浸泡后的种子用 3 层纱布包好，装入多孔的塑料小袋中，将其放入内衣口袋中，可借人体温度催芽。

④土制催芽箱催芽　有桶或缸内电灯泡催芽的方法，简易电灯泡催芽箱、简易电炉丝催芽箱，可参考育苗设备。

⑤恒温箱催芽　将浸种或消毒的种子，用湿纱布包好，放入恒温箱中催芽。此法保温定温效果好，出芽最快，恒温箱为有条件的农户或专业育苗场所应必备的催芽设备。

⑥煤灰催芽　将温汤浸过的种子用湿润细煤灰拌匀，种子与煤灰的体积比为 1∶（2～3），拌匀后调节含水量至 60%，即用手捏成团、松开即散为宜。然后将煤灰拌和的种子盛入容器（瓦罐、塑料袋等）中，上方或侧面留通气孔，随即放入 28～30℃的恒温箱中或土温床中催芽。催芽过程中，每隔 12h 查看一次，翻动种子，补充氧气和水分。当发现有 75% 的种子出芽时，即可播种。

三、营养土的配制

营养土是幼苗生长发育的基质，其质量优劣直接关系到幼苗苗期生长状况及秧苗素质的好坏。提前制作营养土，是保障越冬育苗的基础。

1. 配制营养土的要求

一般要求有机质含量 15%～20%，全氮含量 0.5%～1%，速效氮含量 > 60～100mg/kg，速效磷含量 > 100～150mg/kg，速效钾含量 > 100mg/kg，pH6～6.5。疏松肥沃，有较强的保水性、透水性，通气性好，无病菌虫卵及杂草种子。

2. 营养土配制材料

营养土可就地取材进行配制，基本材料是菜园土、腐熟有机肥、灰粪等。

▶图3-6　配制营养土（菜园土过筛）

▶图3-7　用于配制营养土的草木灰

▶图3-8　有机肥堆置发酵

（1）菜园土　是配制营养土的主要成分，一般应占30%～50%。但园土可传染病害，如猝倒病、立枯病，茄科的早疫病、绵疫病，瓜类的枯萎病、炭疽病等。故选用园土时一般不要使用同科蔬菜地的土壤，茄果类蔬菜育苗园土以种过豆类、葱蒜类蔬菜的土壤为好。选用其他园土时，一定要铲除表土，掘取心土。园土最好在8月高温时掘取，经充分烤晒后，打碎、过筛（图3-6），筛好的园土应贮藏于室内或用薄膜覆盖，保持干燥状态备用。

（2）有机肥料　根据各地不同情况就地取材，可以是猪粪渣、垃圾、河泥、厩肥、人粪尿等，其含量应占营养土的20%～30%。所有有机肥必须经过充分腐熟后才可用。

（3）炭化谷壳或草木灰（图3-7）　其含量可占营养土的20%～30%。谷壳炭化应适度，一般以谷壳完全烧透，但还基本保持原形为准。

（4）人畜粪尿　一般浇泼在园土中，让土壤吸收。也可在园土、垃圾、栏粪等堆积时，将人畜粪尿浇泼在其中，一起堆置发酵（图3-8）。

营养土中还要加入占营养土总重2%～3%的过磷酸钙，增加钙和磷的含量。

3. 营养土配方

目前生产上常用的营养土配制比例有以下两种类型。

（1）播种床营养土配方

配方一　菜园土：有机肥：砻糠灰 =5：（1～2）：（4～3）；

配方二　菜园土：河塘泥：有机肥：砻糠灰 =4：2：3：1；

配方三　菜园土：煤渣：有机肥 =1：1：1。

（2）移苗床（营养钵）营养土配方

配方一　菜园土：有机肥：砻糠灰 =5：（2～3）：（3～2）；

配方二　菜园土：垃圾：砻糠灰 =6：3：1（加进口复合肥、过磷酸钙各 0.5%）；

配方三　菜园土：猪牛粪：砻糠灰 =4：5：1；

配方四　菜园土：牛马粪：稻壳 =1：1：1（适用于黄瓜、辣椒育苗）；

配方五　腐熟草炭：菜园土 =1：1（适用于结球甘蓝育苗）；

配方六　腐熟有机堆肥：菜园土 =4：1（适用于甘蓝、茄果类蔬菜育苗）。

果菜类蔬菜育苗营养土配制时，最好再加入 0.5% 过磷酸钙浸出液。

以上原料的选择，应力求就地取材，成本低，效果好。

4. 配制方法

配制时将所有材料充分搅拌均匀，并用药剂消毒营养土。在播种前 15d 左右，翻开营养土堆，过筛后调节土壤 pH 至 6.5～7.0。若过酸，可用石灰调整；若过碱，可用稀盐酸中和。土质过于疏松的，可增加牛粪或黏土；土质过于黏重或有机质含量极低（不足 1.5%）时，应掺入有机堆肥、锯末等，然后将其铺于苗床或装于营养钵中（图 3-9）。

▶ 图 3-9　配制好的营养土装入营养钵中

5. 营养土消毒

蔬菜苗的健壮与否是关系到能否高产、优质的关键之一。未经消毒的床土，存在大量的能致病的病原菌，育苗期幼苗如被感染，再遇上高温或低温高湿，会引起苗期的猝倒、立枯或沤根等严重的苗期病害。且这种病苗移植到大田，在适当的环境条件下，会引起毁灭性的病害。

目前应用的营养土消毒的方法，主要是毒土消毒法。播种床内在播种前撒一层毒土，然后进行播种，种子上面再撒一层毒土盖籽，将种子夹在两层毒土之间，消毒效果显著。移苗床或营养钵毒土消毒是在移苗入钵前，将毒土撒在移苗床或营养钵的表层。营养土消毒的具体操作如下。

（1）用熏蒸类药剂消毒　采用地面喷洒或打孔浇灌法，将药剂均匀喷洒到地面上，或注入育苗土内，用塑料薄膜覆盖。闷堆2～3d或更长时间后，揭去薄膜透气一周左右，再开始育苗。常用药剂和消毒方法有以下几种。

甲醛：每1000kg土用200～250g的原液，配成100倍液，结合翻土，将药液均匀混拌入土内，盖塑料薄膜密闭3～5d后，揭膜翻堆，药味散尽后播种。可灭除床土中的病原菌，防治辣椒、菜豆菌核病、黄瓜黑星病等。

抗菌剂401或50%多菌灵或70%苯菌灵：每平方米苗床上用药4g，加水溶解后均匀喷洒于床土上，加水量视苗床干湿而定，以湿润床土为宜。喷后覆盖薄膜，四周压紧密封，以充分发挥药效。2～3d后，揭膜通气，待药气散发后方可播种。

（2）用常规农药消毒　采取混拌法，结合配制育苗土，将药物均匀混拌于育苗土中。常用药剂和消毒方法有以下几种。

多菌灵：每平方米苗床用50%多菌灵可湿性粉剂8～10g，与4kg左右细土拌匀，1/3撒于畦面，2/3盖籽，可防治番茄褐色根腐病，茄子褐纹病、赤星病、辣椒根腐病，冬瓜枯萎病等。

代森铵：用45%代森铵水剂200～300倍液，每平方米畦面浇灌2～4L，防治茄果类苗期病害。

甲基硫菌灵：用50%的甲基硫菌灵可湿性粉剂1kg与50kg干细土拌匀，防治根腐病等。

6. 使用药物消毒营养土的注意事项

（1）根据防病对象选择农药　甲醛可防治猝倒病和菌核病，代森铵能够防治立枯病。不能用高残留的呋喃丹等杀地下害虫。

（2）用药量与方法要适宜　用药量不足不能达到对育苗土彻底灭菌的目的，但用药量过大，会对蔬菜种子及幼苗产生药害，增加育苗成本，有的甚至导致毁灭性伤苗死亡。

（3）均匀用药　农药与育苗土应充分搅拌均匀，避免灭菌不彻底或发生药害。

（4）育苗土的干湿度要适宜　育苗土太干燥或太潮湿，灭菌效果均不好。适宜的土壤湿度为半干半湿，即抓起一把土，手握成团，落地即散。湿度不足时，应先用喷雾器均匀喷水；湿度过大时，应事先摊开晾晒。

（5）注意安全　注意人身安全，不要引起药物中毒；注意蔬菜安全，不要伤害蔬菜，特别是用熏蒸剂对土壤消毒时，消毒后一定要在土中的药气散尽或使残留药物浓度降低到安全浓度以下后，才可用于育苗。为加速药物散发，可将育苗土摊开或定期翻土。

四、电热温床设置

蔬菜大棚冷床或酿热温床育苗，主要适用于辣椒、番茄、茄子等茄果类蔬菜越冬育苗，其播种时间一般在 10 月中旬～11 月中旬，有的提早到 10 月上旬播种（主要是辣椒）。但利用晚稻收割后的冬闲田建棚育苗时，由于晚稻不能及时收获，导致育苗期推迟，进入 11 月以后，随着气温的急速下降，只能采取酿热温床或电热温床进行育苗了，虽然成本有所增加，但电热线可多年使用，育苗成本不高，且可有效地保温防寒。用电热温床育苗的相应推迟 50～60d 播种。

1. 电热温床育苗的特点

采用电热温床育苗，可避免恶劣天气造成的冻苗，大大提高育苗成功率；提高出苗率，节约用种；苗的根系发达，生长健壮，可以获得早熟和增产。

2. 电热温床的建造

电热温床可分为地上式和地下式二种。凡床面与地面相平的称为地下式（图 3-10），其具有较好的保温性和保湿性，宜建在地下水位较低的地方，且常用来育苗；凡床面高于地面的称地上式（图 3-11），它有利于土温的升高，宜建在地下水位较高的地方，常用来移苗（假植或分苗）。以电热加温线加温的苗床，一般与塑料大棚、温室结合起来使用。

▶ 图 3-10　地下式苗床建造示意图

▶ 图 3-11　员工在地上式电热温床上摆放营养坨

（1）设备　电加温线（图3-12）为外包漆皮的0.6～0.9mm的镀锌铁扎丝。目前大都使用上海农机所产品，型号为DV系列，规格在250～1000W之间，常用的有500W 60m长，600W 80m长，800W 100m长，1000W 120m长等。DV型电加温线的型号有DV20406、DV20608、DV20810、DV21012，主要技术参数见表3-4。如DV20810型号的"D"表示电热加温线，"V"表示塑料绝缘层，"2"表示电热加温线额定电压为220V，"08"表示电热加温线的额定功率为800W，"10"表示电热加温线长度为100m。

表3-4　DV型电加温线主要技术参数

型号	电压/V	电流/A	功率/W	长度/m	色标	使用温度/℃
DV20406	220	2	400	60	棕	≤40
DV20608	220	3	600	80	蓝	≤40
DV20810	220	4	800	100	黄	≤40
DV21012	220	5	1000	120	绿	≤40

控温仪（图3-13）：在不寒冷的地区，只夜间加温，可不用控温仪，而用电开关控制，天冷时可夜间接通电源，白天有太阳时切断电源，节省开支。

其他：线距之间为保证安全和方便，应连接保险丝和闸刀。备足碎稻草、木屑、糠灰、树叶、稻壳等隔热物。

▶图3-12　黄色电加温线

▶图3-13　控温仪

（2）建造　电热温床可在阳畦的基础上建造。建造时挖土可较阳畦浅，一般挖土20cm左右，床坑底要平，并且要踩压紧。然后在温床底部将碎稻草等隔热物填好，均匀铺至厚 5cm 以上，铺后踩压紧。再在碎草层上均匀铺厚 3cm 左右的沙子，将隔热物盖住、耙平。取两块长度同床面宽的窄木板，按线距在板上打钉，将两木板平放到温床的两端，再铺线（图 3-14）。

安装电热线之前，要根据当地气候条件确定功率密度（单位面积苗床上使用的功率）。长江流域，如使用控温仪，采用 $80 \sim 100 W/m^2$ 的功率密度为好。

铺线时床两侧稍密，中间稍疏，布线距离根据设定的功率和电热线的型号确定。因温床边缘散热快，布线时可把边行的电加温线的间距适当缩小，温床中间部位的间距适当拉大，但平均间距不变。例如，一个标准大棚（6m×30m），如果选用 1000W 的电加温线，约需 14～15 根，其平均线距约为 10cm；选用 800W 的电加温线，其平均

▶ 图 3-14　地下式电热温床铺线图示

线距约为 8cm；选用 600W 的电加温线，平均线距为 6.5～7cm。线要拉直，不要打结、交叉，要先按规定线距在畦两端插木棍，以便绕线，每根电热线之间不能串联，应并联，往返趟数应为偶数。现将 DV 型系列电加温线用于不同功率密度要求的苗床的布线间距列于表 3-5。

表 3-5　DV 型系列加温线用于不同功率密度的苗床的布线间距 单位：cm

苗床选定功率/（W/m²） ＼ 型号	DV20406	DV20608	DV20810	DV21012
60	11.1	12.5	13.3	13.9
80	8.3	9.4	10.0	10.4
100	6.7	7.5	8.0	8.3
120	5.6	6.3	6.7	6.9

绕好线后，在线上平铺一层厚约 2cm 的细沙将线压住（也可用取出的床土覆盖），整平温床，并拔去木棍等固定物，最好盖严，不能使电加温线露在空气中。安装控温仪。

作为播种床，上面再覆盖 8~10cm 的营养土；作为移苗床，覆盖床土 10~12cm。营养钵育苗，则直接放置营养钵于沙层上即可（图3-15）。

▶图3-15　营养钵育苗铺设地热线后效果图

在生产实际中，有时需要多个大棚均安装电热温床，其设置方式参见图3-16。

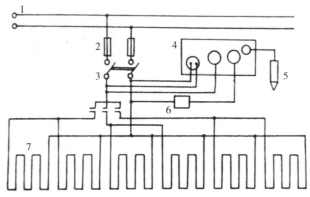

▶图3-16　电热温床扩容量示意图

1—电源线；2—保险丝；3—闸刀；4—控温仪；5—感温头；
6—交流接触器；7—电热线

3. 建造和使用电热温床的注意事项

①电加温线只适用于床土加温，只能在土中使用，不能用于空气加温，更不能成捆地在空气中通电加温试验，在土中也不能堆结或交叉，接头不要露出地面。

②电加温线的功率是额定的，不要随便接长或剪短使用，用完后要及时从土中挖出，并清除泥土、干燥，妥善保管。

③电热温床因温度较高，幼苗出土后应加强放风炼苗，防徒长。因地温较高，水分蒸发大，畦面易干燥，应及时灌小水或喷水，但不宜浇大水。

④电热温床温度较高，主要用于瓜类蔬菜育苗，在冬季温度较低的地区，茄果类、豆类蔬菜也可用电热温床育苗。要经常检查床温，防止夜温过高，导致幼苗营养缺乏，生长不良，出现徒长现象。采用电热温床育苗，苗龄也比一般方法相应缩短，要注意调整相应的播种期。

⑤使用时要综合考虑电力变压器的容量、供电母线的粗细及保险闸刀开关的容量，不能超载使用。每根电热线的使用电压是220V，单线使用时可与220V电源连接，使用380V的电源时，同时需要三根电热线，并采用星形接法。

⑥电热温床功率的选定与气候、作物需温和散热等因素有关。一般每平方米蘑菇房60~80W，蔬菜育苗90~120W，喜温作物120~140W。

⑦DV加温线使用前必须注意检查外包漆皮是否完整，如果有破损而露出镀锌铁扎丝的不能再使用，绝缘层有小破损时可用热熔胶修补（专用），断后可用锡焊接，接头处应套入3mm孔径的聚氯乙烯套管。修复线、母线用前应将接头浸入水中，线端露出水面，用绝缘表检查绝缘效果正常后才能用。

⑧电热温床要配置地温表和气温表（图3-17，图3-18），谨防温度过高。

▶ 图3-17　地温表

▶ 图3-18　气温表

五、播种

电热温床多采用直接播种，即将浸种后的种子直接播在设有电加温线的苗床内，采用湿播法播种。具体操作如下（图3-19）。

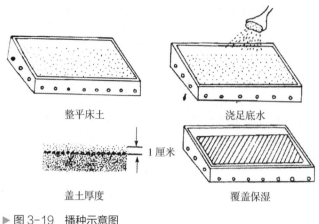

整平床土　　　　　　　　　　　浇足底水

1厘米

盖土厚度　　　　　　　　　　　覆盖保湿

▶ 图3-19　播种示意图

1. 整平床土

一些蔬菜种子比较小，不易出苗，对畦面的平整度和土粒的细碎程度要求更加严格，要求畦面平整、细致。

2. 浇足底水

浇水前应将畦土踩紧。低温期育苗应浇深井水或预热的温水，并且浇水量适当少一些，以水能湿透8cm以上深土层为宜。高温期用一般的河水或井水浇灌即可，育苗的浇水量应大，一般要求能湿透12cm以上的土层。营养钵（杯）浇水，应以水从钵（杯）底渗出为宜。为预防苗期病害，此次浇水时最好在水中掺入适量的高锰酸钾或多菌灵杀菌剂。

3. 撒护种土

护种土是指苗床浇透水后，在畦面上均匀撒盖的一层育苗土，土层厚度以刚好盖住畦面为宜，播种时，种子就播种在这一层细土上。护种土的主要作用是将蔬菜种与畦土隔离开来，避免种子直接播种到湿土上后，发生糊种。

4. 撒种

当水洇透护种土时进行播种。种子较小的，催芽的种子也易于粘连，不容易均匀播种，要用种子量20~30倍的细潮土或细沙拌种，将种子与沙土拌匀后，再进行播种。撒种后，用一细短棍把床面上疏密不匀的种子调整均匀，避免种子叠压或堆积。对种芽较长的种子，如果播种后种芽朝上，还要把种芽调到朝下的位置。催芽的种子播种时动作要轻，防止种芽折断。

5. 覆盖保湿

播种后要随即用育苗土覆盖住种子，土要盖匀，盖土厚度1cm左右。如果不是用育苗土盖种，盖种后还要向畦面上均匀喷洒一遍多菌灵或百菌清等农药，预防苗期病害。

6. 盖地膜（图3-20）

覆盖地膜是确保种子发芽出苗不可缺少的一项重要措施。低温期覆盖地膜能够使苗床保持比较高的温度，使种子及时出苗。高温期覆盖地膜能够减少苗床失水，使苗床保持比较高的土壤湿度，避免种子落干。

地膜一般平铺在苗畦表面，四边用土压住即可。高温期覆盖地膜后，要在地膜上盖一些杂草、树叶或纸张等进行遮阴。

▶ 图3-20　播种后盖地膜增温

7. 蔬菜播种时容易发生的问题及解决办法

（1）底水不足　多发生于高畦面苗床育苗上。是由高畦面苗床排水性好、积水困难，浇水后水下渗时间短，渗水量不足所致。

解决办法：在高畦面苗床的四边筑一道土埂来挡水，并且浇水量要大，让水在畦面上存留一段时间，适宜的浇水量应是浇水后至少有10cm以上的畦土变成泥泞状态。

（2）浇水不均　原因是畦面高低不平，高的地方水量偏少、渗水不足、湿度偏低，低洼处积水较多、渗水量较大、湿度也大。

解决办法：提高育苗畦的制作质量，使畦面保持平整；育苗畦的规格大小要适宜，育苗畦过宽或过长，均不利于均匀浇水；要提高浇水的质量，育苗畦较长时，应采取分段浇水法，畦面高低不平时，应采取局部补浇水法，减少差异。

（3）糊种　播种后，种子被湿泥包裹住。糊种容易导致种子通气不良、缺氧而发生烂种。

解决办法：在浇水后，先将畦面上均匀撒盖一层过筛的干细育苗土，待水洇湿干土后再播种，把种子播到湿润而疏松的护种土层内。

（4）播种不均　原因是有些蔬菜种子的体积较小、重量较轻，种子不易散开。另外，湿种子容易发生粘连结块。

解决办法：用细土或细沙把种子充分稀释后，再进行播种。

（5）盖土过深或过浅　原因是不了解蔬菜种子对覆土厚度的要求。种子较小的，顶土力比较弱，不易出苗，应适当浅覆土，适宜的覆土厚度为0.5~1cm。覆土过浅，畦面表土容易失水变干燥，引起种子落干或形成"带帽苗"；覆土过深，种子出苗晚，出苗率降低。

解决办法：视育苗季节不同，生产上一般将蔬菜种子的覆土厚度保持在1cm左右。

（6）覆土不匀　原因是撒土方法不当。目前，苗畦撒土主要采取的是手撒土法，由于该撒土法不易掌握落土量以及落土范围较窄等，容易出现覆土不均匀现象。苗床覆土厚度差异明显时，往往造成出苗不整齐，并伴有落干、烂种等问题。

解决办法：采取筛土法，利用筛子易于掌握落土量以及落土均匀、落土范围大等优点，提高覆土的质量。

六、苗床管理

1. 播种床幼苗的管理

播种床幼苗的管理是指播种到分苗这段时期的管理，可分为三个时期进行。

（1）出苗期　从播种到子叶微展，一般需经3~5d，管理上主要维持较高的温度和湿度。播种后一般不通风，温度保持在25~30℃为宜，空气相对湿度在80%以上，以减少床土蒸发。如发现底水不足，应及时补水。播种第3天后，幼苗开始拱土，如发现幼苗"带帽"（图3-21），可采取补救措施。若覆土过薄，应补加盖土；若表土过干，应喷水帮助脱壳。当发现小部分幼苗拱土时，不要马上揭掉地膜，否则会造成出苗不整齐，应等大部分幼苗子叶出土，方可揭掉地膜，但也不能揭膜过迟，以免形成"高脚苗"（图3-22）。

（2）破心期　从子叶微展到心叶

▶ 图3-21　辣椒带帽苗

▶ 图3-22　黄瓜高脚苗

长出，一般需经一个星期左右或更长些。其生长特点是幼苗转入绿化阶段，生长速度减慢，子叶开始光合作用，有适量干物质积累。此期管理上主要保证秧苗的稳健生长。主要措施有以下几点。

①降低床温　辣椒和茄子白天控温在 18～20℃，夜间控温在 14～16℃；黄瓜和番茄的床温应比辣椒、茄子低 2℃左右。在降温的同时，要严防秧苗受冻，因破心期的秧苗一旦受冻就很难恢复，甚至形成"秃顶苗"。

②降低湿度　若床土过湿，幼苗须根少，幼苗下胚轴伸长过快，造成徒长，同时易诱发猝倒、灰霉等病害。床土湿度一般控制在持水量 60%～80% 为宜。在湿度过大的情况下，可采取通风透气、控制浇水、撒施干细土等措施来降低湿度，使床土表面"露白"，做到不"露白"不喷水，这样既可以控制下胚轴的伸长，又可促进根系向下深扎。空气湿度也不能过高，一般相对湿度以 60%～70% 为宜。降低空气湿度的主要方法是通风，通风时注意通气口一定要背风向。

③加强光照　光照充足是提高绿化期秧苗素质的重要保证，因此在保证绿化的适宜温度条件下，应尽可能使幼苗多见阳光。在温度不太低的情况下，上午尽量早揭棚内薄膜，下午尽可能延迟盖膜。

④及时删苗　以防幼苗拥挤和下胚轴伸长过快而形成"高脚苗"。

（3）基本营养生长期　此时期内幼苗主要进行营养生长，相对生长率较高，尤其是根重增加迅速，这一时期辣椒、番茄一般需经 20～30d。其管理的基本原则是：在经历了破心期的"控"管理后，又要转入"促"的管理，主要采取如下措施。

①适当提高床温　即将床温较破心期提高 2～3℃，并采取变温管理，白天温度偏高（20～23℃），夜间温度稍低（13～16℃）。

②加强光合作用　在这一生长期中，要大量积累养分。因此必须增加光照以加强光合作用。一般在无人工补光的情况下，遇晴朗天气尽可能通风见光，阴雨天也要选中午前后适当通风见光。

③加强水分管理　要保证床土表面呈半干半湿状态。这就要求在床土表面尚未"露白"时必须马上浇水。一般在正常的晴朗天气，每隔 2～3d 应浇水一次，每次每平方米浇水量为 0.5kg 左右。这样能保证床土表面湿中有干、干湿交替，对预防猝倒病与灰霉病能起到较好的作用。

④适当追肥　如果床土养分不够，秧苗生长细弱，应结合浇水进行追肥，追肥可选用 0.1% 的三元复合肥液或 20%～30% 的腐熟人粪尿水。

⑤炼苗　为提高秧苗抗性和使其适应分苗后的环境条件，一般在分苗前 2～3d 应逐渐通风降温，以便对秧苗进行适应性锻炼。

2. 分苗

分苗又称假植或排苗。它是为了防止幼苗拥挤徒长，扩大苗间距离，增加营养面积，满足秧苗生长发育所需的光照和营养条件，促使秧苗进一步生长发育，使幼苗茎粗壮、节间短，叶色浓绿，根系发达，是培育壮苗的根本措施。

（1）苗床准备　分苗床应早做准备，只能床等苗，不能苗等床。一般应于分苗期半月做好准备，整好地，施足底肥，用塑料薄膜覆盖保持床土干燥。

（2）分苗时期　分苗时期应根据气候状况和秧苗的形态指标来确定。开春后，气候转暖，不出现大的起伏，就可开始分苗；从秧苗的形态指标来看，黄瓜以2叶1心、茄果类以3~4片真叶为分苗适期。

（3）分苗密度　分苗密度依种类不同而异。据试验，分苗密度与作物的前期产量关系极大，一般苗距加大，前期产量提高明显，能获得较高的产量。因此，在分苗床充足的情况下，适当稀分苗，有利于培育健壮秧苗，具体的分苗密度：黄瓜、番茄 10cm×10cm，茄子 8cm×8cm，辣椒 6.5cm×6.5cm。

（4）分苗方法　分苗应看准天气，选准"冷尾暖头"、晴朗无风的日子，抓紧在中午前后完成。分苗前半天应浇水于苗床，以便掘苗，多带土，少伤根。分苗时最好将大小苗分开栽，便于管理。分苗宜浅，一般以子叶出土面 1~2cm 为准。分苗后要把根部土壤培紧，并及时浇定根水。除采用苗床分苗（图 3-23）外，近年来，营养钵分苗（图 3-24）在茄果类、瓜类蔬菜育苗中也有广泛采用。营养钵育苗可以缩短秧苗定植到大田的缓苗期，定植后马上成活，加快植株的生长发育，是促使果菜类早熟丰产的重要措施。常见的营养钵有塑料钵、纸钵、草钵等，其上口径 9cm，下底直径 7cm，高约 9cm。无论是苗床分苗还是营养钵分苗，分苗后均必须用塑料小拱棚覆盖防寒。

▶图 3-23　苗床分苗效果　　▶图 3-24　营养钵分苗效果

3. 分苗床幼苗的管理

秧苗在分苗床的生长时间较长，一般可分为三个时期进行管理。

（1）缓苗期　分苗后，幼苗根系受到一定程度的损伤，需要 4~7d 才能恢复，这一时期称缓苗期。这段时期在管理上要维持较高床温，力求地温在 18~22℃，气温白天 25~30℃，夜间 20℃。同时要闷棚，基本不通风，以保持较高的空气湿度，减少植株蒸腾作用，防止幼苗失水过多而严重萎蔫，从而促进伤口的愈合和新根的发生。

（2）旺盛生长期　此期幼苗的生长量大，生长速度快，叶面积增长迅速，营养生长与生殖生长同时进行。在管理上要提供适宜的温度、强的光照、充足的水分和养分，并体现"促中有控"，促之稳健生长。幼苗恢复生长后，控温指标应比缓苗期略低，一般气温降低 4~5℃，地温降低 2℃左右，严寒时注意加强保温防冻，必要时在开启地热线的同时，还可采用空气加温线并结合多层覆盖进行保温防冻

▶ 图 3-25　严寒时采用地热线＋空气加温线＋多层覆盖保温

（图 3-25）。多通风见光，提高幼苗的光合效率，还要保证水分和养分的供应。在正常的晴朗天气，2~3d 浇水一次，阴雨天气 4~5d 浇水一次，严防床土"露白"。浇水要结合追肥，可用 0.2% 的三元复合肥和 30% 左右的腐熟人粪尿浇泼。

（3）炼苗期　为提高幼苗对定植后环境的适应能力，缩短定植后的缓苗时间，在定植前的一个星期左右应进行秧苗锻炼。具体措施有以下几点。

降低床温　白天气温可降至 18~20℃，夜间 13~15℃。

控制水分　炼苗期一般不再浇水，促使床土"露白"。

揭膜通风　开始炼苗时，先揭去部分薄膜；随着炼苗时间延长，应逐步揭开，至最后全部揭开薄膜，使之完全适应露地环境。

带药下大田　定植前一天应打一次药，严防带病、带虫下大田。

七、主要病虫害防治

1. 猝倒病

种子发芽至 1~2 片真叶时易发生。病苗基部呈水渍状，变黄褐色，

继而缢缩变细呈线状，幼苗倒伏，但叶片一般仍保持绿色（图3-26、图3-27）。湿度大时，病苗及附近床面，往往长出棉絮状白霉。

▶ 图3-26　辣椒猝倒病

▶ 图3-27　黄瓜猝倒病

▶ 图3-28　辣椒立枯病

▶ 图3-29　辣椒苗期灰霉病

防治方法：发现病苗及时拔除，立即用1∶10的生石灰＋草木灰撒入苗床。出现少数病苗时，立即用64%恶霜灵可湿性粉剂600倍液，或75%百菌清可湿性粉剂1000倍液等喷洒。苗床湿度大时，不宜再喷药水，而用甲基硫菌灵或甲霜灵等粉剂拌草木灰或干细土撒于苗床上。

2. 立枯病

幼苗中后期，茎基部产生椭圆形暗褐色病斑，略凹陷，向两面扩展，绕茎一周，皮层变色腐烂，干缩变细（图3-28）。地上叶片褐色变淡，后变黄，初期白天萎蔫，晚上恢复，最后整株枯死。苗直立而枯，即"立枯"，湿度大时，可见稀疏淡褐色蛛丝网状霉，无明显白霉。

防治方法：发病期可喷洒20%甲基立枯磷乳油1000倍液，或36%甲基硫菌灵悬浮剂500倍液、5%井冈霉素水剂1500倍液等。与猝倒病同时发生，可喷72%霜霉威水剂800倍液加50%福美双可湿性粉剂 500 倍液，或用 95％恶霉灵 4000 倍液浇灌。

3. 灰霉病

多在幼苗叶尖发生，由叶缘向内呈"V"形扩展，呈水渍状腐烂，引起叶片枯死，表面生少量灰霉（图 3-29）。苗茎被害，病部呈淡褐色、腐烂，病部上端茎叶枯死。

防治方法：最好用 10％腐霉利烟熏剂，亩用 250 ~ 300g，或 5％百菌清粉剂，亩用 1kg。

4. 疫病

又称茎基腐病。多在 3 ~ 5 叶苗期发生，感病根部表面长出少量稀疏白色霉层，叶片从边缘开始，初期产生不定形水浸状暗绿色或黄绿色，直至暗褐色大块病斑。

防治方法：用 70％百菌清可湿性粉剂 600 倍液，或 80％代森锰锌可湿性粉剂 500 倍液、25％嘧菌酯悬浮剂 1500 倍液喷雾。最好用 50％甲基硫菌灵或多菌灵粉剂拌干细土撒施。

5. 黄化

秧苗叶色淡黄、叶小、茎细，为缺肥缺水黄化；有时光照较弱，阴雨多，苗床设施遮光，引起幼苗嫩黄；有的表现为叶片轻微斑驳的病毒黄化。

防治方法：缺肥引起的黄化要及时追肥。病毒病引进的黄化，除了及时防蚜外，可用菌毒清、盐酸吗啉胍·铜、混合脂肪酸等喷洒 2 ~ 3 次。作为补救措施，可对秧苗喷射一次 10 ~ 20mg/kg 的赤霉酸 +0.3％的尿素，或细胞分裂素 300 倍液混加复硝酚钠（爱多收）6000 倍液，7 ~ 10d 可开始见效，秧苗逐渐恢复正常生长。

6. 沤根

生理病害。病株地下根部表皮呈锈褐色，然后腐烂，不发新根或不定根，地上部叶片白天中午前后先萎蔫，逐渐变黄、焦枯，病苗整株易拔起，严重时，幼苗成片干枯，似缺素症状。

防治方法：应从育苗管理抓起，宜选地势高、排水良好、背风向阳的地段作苗床地，床土需增施有机肥和磷钾肥。出苗后注意天气变化，及时通风换气，可撒干细土或草木灰降低床内湿度，同时认真做好保温工作，可用双层塑料薄膜覆盖，夜间可加盖草帘。条件许可的情况下，可采用地热线、营养盘、营养钵、营养方等方式培育壮苗。

7. 僵苗

僵苗又叫小老苗，是苗床土壤管理不良和苗床结构不合理造成的一种生理障害。幼苗生长发育迟缓，植株瘦弱，叶片黄、小，茎秆细、硬，并显紫色，虽然苗龄不大，但看似如同老苗一样，故称"小老苗"。苗床土壤施肥不足、肥力低下（尤其缺乏氮肥）、土壤干旱以及土壤质地黏重等不良栽培因素是形成僵苗的主要因素。透气性好、但保水保肥很差的土壤，如砂壤土育苗，更易形成小老苗。若育苗床上的拱棚低矮，也易形成小老苗。

防治方法：宜选择保水保肥力好的壤土作为育苗场地。配制床土时，既要施足腐熟的有机肥料，又要施足幼苗发育所需的氮磷钾营养，尤其是氮素肥料。并要灌足浇透底水，适时巧浇苗期水，使床内水分（土壤持水量）保持在 70% ~ 80% 左右。

8. 徒长

徒长是苗期常见的生长发育失常的现象。表现为幼苗茎秆细高、节间拉长、茎色黄绿、叶片质地松软、叶身变薄、色泽黄绿、根系细弱。徒长苗缺乏抗御自然灾害的能力，极易遭受病菌侵染，同时延缓发育，使花芽分化及开花期后延，容易造成落蕾、落花及落果。定植大田后缓苗差，最终导致减产。晴天苗床通风不及时、床温偏高、湿度过大、播种密度和定苗密度过大、氮肥施用过量，是形成徒长苗的主要因素（图3-30）。此外阴雨天过多、光照不足也是原因之一。

▶ 图3-30 密度过大形成的辣椒徒长苗

防治方法：依据幼苗各生育阶段特点及其温度因子，及时做好通风工作，尤以晴天中午更应注意。苗床湿度过大时，除加强通风排湿外，可在育苗初期向床内撒干细土；依苗龄变化，适时做好间苗定苗，以避免相互拥挤；光照不足时宜延长揭膜见光时间。如有徒长现象，可用 200mg/kg 的矮壮素进行叶面喷雾，苗期喷施 2 次，可控制徒长，增加茎粗，并促进根系发育。矮壮素喷雾宜早晚间进行，处理后可适当通风，禁止喷后 1 ~ 2d 内向苗床浇水。

营养块育苗

泥炭营养块（图 3-31）是由草炭、蛭石等基础原料添加缓释肥料、处理后的农业残渣和特定的辅助剂制成的育苗块，具有营养元素全面、无病菌虫卵、操作简便、节约用种、定植后缓苗快、成活率高等优点，是营养钵的替代品。

▶ 图 3-31 泥炭营养块

一、育苗设施与设备

根据季节不同选用温室、塑料棚、阳畦、温床等育苗设施，夏秋季育苗应配有防虫、遮阴设施，冬春育苗应配有防寒保温设施。育苗温室在使用前要清除室内外的杂草，并进行消毒处理，每亩用硫黄粉 3 ~ 5kg 和 50% 敌敌畏乳油 0.5kg 熏蒸。

二、育苗块选择

茄果类、叶菜类育苗宜选择圆形小孔 40g 育苗块；瓜类育苗宜选择圆形大孔 40g 育苗块；长苗龄蔬菜育苗可选择圆形单孔 50g 育苗块；嫁接苗可选择圆形双孔 60g 育苗块。

三、播种前的准备工作

1. 苗床准备

应选择地势平坦、通风向阳的设施作苗床。在育苗温室中做成 1 ~ 1.2m

宽、0.1m 深的苗床，将苗床底部整平、压实后备用。在苗床底部平铺一层塑料薄膜或防虫网，防止幼苗根系下扎及病虫害的蔓延。有条件的地方可在苗床上铺厚 1~2cm 的消毒土，冬季减少浇水次数，提高苗床温度；夏季降低苗床温度，避免高温灼伤的缓冲作用。

2. 种子准备

按常规方法晒种、消毒、浸种、催芽。

3. 摆块（图 3-32）

摆块时，块体间距根据育苗季节、作物种类、苗龄长短而定。摆块间距一般以 1~1.5cm 较为适宜。低温季节育苗和一次性育成苗的，块体间距应稀些，膨胀后不少于 1cm 为宜；高温季节育苗和苗龄短的，块体间距应密些，膨胀后不少于 0.5cm 为宜。

4. 胀块检查（图 3-33）

胀块是使用营养块最关键的操作规程，应掌握"一喷、二灌、三再喷"的原则。"一喷"就是先对摆放好的营养块自上而下雾状喷水 1~2 次，使块体有一个全面湿润过程，以引发大量吸水。"二灌"就是用小水流从苗床边缘灌水到淹没块体，水吸干后再灌一次，直到营养块完全疏松膨胀（用细铁丝或牙签扎无硬芯）而苗床无积水。一般每 100 块吸水 7~7.5kg。胀块过程中应小水慢灌，地膜上不要过多积水，如膜上还有多余积水，可在膜上打孔放掉，不要移动或按压营养块，以免散块。营养块胀好后苗床内应无积水，块体形状保持完整。"三再喷"就是灌水 12~24h 后，播种前再对胀好的营养块雾状喷水一次。

▶ 图 3-32　泥炭营养块摆块

▶ 图 3-33　泥炭营养块吸水膨胀

四、播种覆土

冬春季节选择晴天上午进行播种，高温季节选择下午播种。播种时，先对灌水后隔夜的块体喷水一次，再将种子平放于种孔内。以无菌的砂壤土或蛭石覆盖，覆土厚度根据种子大小确定，约为 1cm。同时在苗床附近撒播一定量种子以备补苗，然后在营养块上面覆盖地膜保温保湿，并可扣小拱棚，促进种子萌发。夏季高温季节覆盖遮阳网降温保湿。

五、秧苗管理

1. 籽苗期管理（图3-34）

此期间应注意 60% ~ 70% 种子出土时要及时撤除营养块上面覆盖的地膜（或遮阳网）。播种至出齐苗，采用接近适宜温度上限的充足的水分管理，实现快出苗、出齐苗，缺水时采用小水流从苗床边缘缓慢灌水，使水分自下而上渗入块体，不要大水漫过块体。也可以用雾化好的喷头喷水，切忌用大孔喷壶喷水，以防止冲散营养块。注意苗床不能有积水。由于营养块在制作时已经加入了有机无机肥料，可不必浇灌营养液。当瓜类蔬菜长到 2

▶ 图3-34　泥炭营养块育苗效果图

片真叶、茄果类蔬菜长到 3 ~ 4 片真叶时进行倒苗，使秧苗生长一致。

2. 成苗期管理

采取控温不控水的措施，保持营养块见干见湿，浇水方法与籽苗期相同。根据秧苗生长状况进行倒苗，适当加大苗间距离。出齐苗至茄果类蔬菜初生真叶显露、瓜类蔬菜子叶展平时，苗床温度应低于适温 2 ~ 3℃，适当控水，以防徒长。此后至定植前 7 ~ 10d 适温管理，间干间湿，促进生长。

3. 炼苗期管理

定植前 1 周进行炼苗，冬春季逐渐降低室内温度，停止浇水；夏秋季节逐渐缩短遮阴时间，直至完全撤掉遮阳网，同时加大通风量，使育苗场所的环境条件接近定植的环境条件，以利于缓苗。

六、适龄壮苗标准

根系布满营养块、白色根尖稍外露时要及时定植（图3-35），防止根系老化。不同蔬菜营养块育苗苗龄及成苗标准见表3-6。

▶ 图3-35 营养块培育的番茄苗

表3-6 不同蔬菜营养块育苗苗龄及成苗标准

作物	日历苗龄/d	生理苗龄叶片数/片
冬春季茄子	50 ~ 60	5 ~ 6
冬春季甜（辣）椒	50 ~ 60	5 ~ 6
夏秋季甜（辣）椒	25 ~ 30	4 ~ 5
冬春季番茄	35 ~ 50	4 ~ 5
夏秋季番茄	20 ~ 25	3叶1心
黄瓜	25 ~ 35	2叶1心
甜瓜	20 ~ 30	2 ~ 3
西葫芦	20 ~ 25	2叶1心
西瓜	25 ~ 35	3 ~ 4
冬春季甘蓝	40 ~ 50	4 ~ 5
冬春季青花菜	40 ~ 50	3叶1心
夏秋季青花菜	25 ~ 30	3叶1心
夏秋季花椰菜	25 ~ 30	4 ~ 5

七、带基定植

秧苗运输可选用塑料筐，将秧苗直立码放在塑料筐中，塑料筐高度应高于秧苗。码放秧苗时应轻拿轻放，避免散坨。冬春季节在晴天上午、夏季在傍晚或阴天带基移栽于定植沟内，块体不要露出地面，上面至少盖土1～2cm。定植后一定要浇一次透水，利于根系下扎，正常管理无缓苗期。

八、定植后管理

定植后应注意浇水管理。低温季节应适量，避免低温水分过大对根系造成影响；高温季节应灌水充足。其他管理同常规育苗管理。

穴盘育苗

穴盘育苗（图3-36）是利用草炭、蛭石、珍珠岩等天然轻型基质及营养液浇灌进行育苗，选用分格室的苗盘，播种时一穴一粒，成苗时一室一株，一次成苗，并且成株苗的根系与基质相互缠绕在一起的现代化育苗体系。

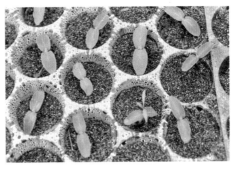

▶ 图3-36　穴盘育苗营养基质培育的黄瓜苗

穴盘育苗的优势：省去了传统土壤育苗所需的大量床土，减轻了劳动强度，同时减轻了苗期土传病害的发生；育苗基质体积小，质量轻，便于秧苗长途运输和进入流通领域；基质和用具易于消毒，可以培育无病苗木；可进行多层架立体育苗，提高了空间利用率；秧苗根茎发达，适应性强，成活率高，无缓苗期。穴盘育苗为目前蔬菜合作社、蔬菜公司的主要育苗方法。

一、穴盘选择

穴盘因选用材质不同，分为美式穴盘和欧式穴盘。美式穴盘（图3-37）一般采用塑料片材吸塑而成，而欧式穴盘（图3-38）是选用发泡塑料注塑而成。美式穴盘较为实用。目前我国许多地区已实现穴盘国产化生产。

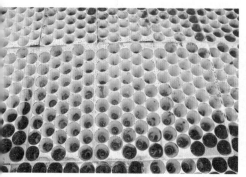

▶ 图 3-37　美式穴盘

▶ 图 3-38　欧式穴盘

为了保证培育壮苗，在选择穴盘时一定要根据作物的品种、苗龄等因素选择适宜的穴盘，一般十字花科类用 128 孔或 200 孔穴盘，茄果类用 72 孔或 50 孔穴盘。

根据季节选用穴盘，春季育小苗选用 288 孔穴盘；夏播番茄、芹菜选用 288 孔或 200 孔穴盘，夏播茄子、秋菜花等均选用 128 孔穴盘。

或根据苗态选用穴盘，育 2 叶 1 心子苗选用 288 孔穴盘；育 4～5 叶苗选用 128 孔穴盘；育 6 叶苗选用 72 孔或 50 孔穴盘；夏季育 3 叶 1 心苗选用 200 孔或 288 孔穴盘。

新穴盘用洁净的自来水冲洗数遍，晾晒干后即可使用。使用过的穴盘一定要进行清洗和消毒。其方法是：先清除穴盘中的剩余物质，用洁净的自来水将穴盘冲洗干净，黏附在穴盘上较难冲洗的脏物，可用刷子刷干净，冲洗干净的穴盘可以扣放散放在苗床架上，以利于尽快将水控干，然后进行消毒（图 3-39）。可用 40% 甲醛 100 倍液或二氧化氯 1000 倍液浸泡 20min 进行消毒处理。也可用 2%～5% 的季铵盐或 2% 的次氯酸钠水溶液浸泡 5h，或用 70～80℃ 的高温蒸汽消毒 30min，然后用洁净的自来水冲洗，晾晒，使附着在穴盘上的水分全部蒸发。

如果采用的是聚乙烯吹塑穴盘，其标准规格为 54cm×28cm，黄瓜、西瓜等选择 50 孔穴盘，番茄、茄子选择 72 孔穴盘，辣椒选择 105 孔穴盘，花椰菜等甘蓝类选择 128 孔穴盘，芹菜可选择 200 孔穴盘。同一规格穴盘，应适当选择孔穴较深的多角形穴盘，因孔穴深利于排水，多角形较圆形利于通气。

▶ 图 3-39　穴盘消毒

二、基质准备

穴盘育苗一般使用复合基质，即用两种或两种以上的基质按一定比例混合制成（图3-40）。穴盘育苗单株营养面积小，每个穴孔盛装的基质量很少，要育出优质商品苗，必须选用理化性质好的育苗基质。目前国内外一致公认草炭、蛭石、珍珠岩、废菇料等是蔬菜理想的育苗基质材料。

草炭最好选用灰藓草炭，pH5.0~5.5，养分含量高，亲水性能好。

一般选用进口育苗基质。适合冬春蔬菜育苗的基质配方为草炭：蛭石＝2：1，或草炭：蛭石：废菇料＝1：1：1，覆盖料一律用蛭石（图3-41）。适合夏季育苗的基质配方为草炭：蛭石：珍珠岩＝（1~2）：1：1。一般情况下，每1000盘美国的288孔穴盘备用基质2.76m³，韩国的288孔穴盘备用基质2.92m³；美国的128孔穴盘备用基质3.65m³，韩国的128孔穴盘备用基质4.57m³；美国的72孔穴盘备用基质4.65m³，韩国的72孔穴盘备用基质3.2m³。

▶ 图3-40　基质配方：泥炭＋珍珠岩

▶ 图3-41　穴盘育苗专用覆盖料——蛭石

为满足蔬菜苗期生长对养分的需求，在配制育苗基质时可加入适量的大量元素（表3-7）。基质配制方法是按草炭与蛭石2：1，或草炭与蛭石与发酵好的废菇料1：1：1的比例混合，配制时每立方米基质加入三元复合肥（15-15-15）2~2.5kg，或每立方米基质加入1kg尿素和1kg磷酸二氢钾，或1.5kg磷酸二铵，肥料与基质混拌均匀后备用。

表3-7　穴盘育苗化肥推荐用量　　　　　　　　　单位：kg/m³

蔬菜种类	氮磷钾复合肥（15-15-15）	尿素	磷酸二氢钾
冬春茄子	3.0~3.4	1.0~1.5	1.0~1.5
冬春辣（甜）椒	2.2~2.7	0.8~1.3	1.0~1.5
冬春番茄	2.0~2.5	0.5~1.2	0.5~1.2

蔬菜种类	氮磷钾复合肥（15-15-15）	尿素	磷酸二氢钾
春黄瓜	1.9 ~ 2.4	0.5 ~ 1.0	0.5 ~ 1.0
莴苣	0.7 ~ 1.2	0.2 ~ 0.5	0.3 ~ 0.7
甘蓝	2.6 ~ 3.1	1.0 ~ 1.5	0.4 ~ 0.8
西瓜	0.5 ~ 1.0	0.3	0.5
花椰菜	2.6 ~ 3.1	1.0 ~ 1.5	0.4 ~ 0.8
芥蓝	0.7 ~ 1.2	0.2 ~ 0.5	0.3 ~ 0.7

育苗基质消毒可采用以下几种方法进行。

①多菌灵消毒　用 50% 多菌灵可湿性粉剂 500 倍液喷洒，拌匀，盖膜堆闷 1d，待用。

②蒸汽消毒　将基质装入柜内或箱内，或堆积后覆盖塑料薄膜（体积为 $1 \sim 2m^3$），用通气管通入高温蒸汽，在 70 ~ 90℃高温下持续 20min。

③甲醛消毒　每立方米基质喷洒 40% 甲醛溶液 100 倍液 10L，拌匀后覆盖塑料薄膜密闭 7 ~ 10d，然后揭开薄膜充分翻晾，使基质中的甲醛充分散尽。

也可选用生产厂家已配好的商品育苗基质，每 1000 穴备需用基质 4.65m³。如使用山东省济南市鲁青种苗有限公司经销的基质育苗（图 3-42），只需在拌料时将基质与杀菌剂混合均匀 [杀菌剂选用多·福（苗菌敌）、多菌灵、甲基硫菌灵等广谱杀菌剂，每袋基质加入杀菌剂 15 ~ 20g]。一袋基质加 6kg 左右的水充分搅拌均匀，掌握用手轻握成团、指缝间有滴水即可，装盘前应把拌好的基质用塑料膜盖好闷 10h，让水分充分渗透基质。

▶ 图 3-42　穴盘育苗基质

三、适时播种

1. 选择适宜播期

一定要根据客户订购的时间要求进行播种，一般出苗圃上下不超过 5d，防止播种过早或过晚形成老苗或小苗。一般冬季育苗，茄果类 60 ~ 70d、十字花科类 40 ~ 50d；夏季育苗，茄果类 30 ~ 45d、十字花科类 28 ~ 30d。

2. 种子处理

机械播种的一般采用种衣剂或丸粒化处理后的种子。但对未经消毒处理的种子必须采取适当的消毒措施，以防止种传病害的发生和传播。

方法一："热水－福美双"复合消毒技术。即将种子松散地装入纱布或尼龙口袋中，放在37℃的水浴中预热10min，种子装入量要小于口袋容量的50%。预热过程中要轻轻摇晃口袋，以排除种子表面的空气，打破包围种子表面的气膜，确保每粒种子均匀、彻底地浸湿。将经过预热的种子放入另一个水浴容器中，严格按照不同蔬菜种子推荐的消毒温度和时间进行高温消毒（见表3-8）。高温消毒后，立即将装有种子的口袋放入冷水中降温或用冷水冲淋降温。降温后从口袋中取出种子，将种子平摊在口袋上，并置于超净工作台上晾干，要避免消毒后的种子被外界病原菌再感染，避免晾干过程中种子接触杀菌剂、杀虫剂和化学药品。待种子完全晾干后，用75%福美双可湿性粉剂拌种，用量是种子质量的0.2%～0.4%。种子播前必须检测发芽率，所用种子发芽率应在90%以上。

表3-8　蔬菜种子热水高温消毒的温度和时间

蔬菜种类	温度/℃	时间/min
抱子甘蓝、结球甘蓝、番茄、茄子、芹菜、甘蓝	50	25
黄瓜、大白菜、花椰菜、羽衣甘蓝	50	20
辣（甜）椒	51.5	30
青花菜	50	20～25
生菜	48	30
洋葱	46	60
水芹	50	15

注：未列出的蔬菜种类，或因热水高温消毒效果不佳，或因热水对种子伤害较大，请谨慎使用此方法。

方法二：次氯酸钠－福美双复合消毒技术。用5.25%次氯酸钠与水按体积比1：4混合，并加入少量表面活性剂，搅拌均匀后浸种。次氯酸钠水溶液用量是种子质量的5～8倍。消毒时间为1min。次氯酸钠消毒液必须是现用现配，不能使用已用过的消毒液或失效的消毒液。浸种消毒后用洁净的自来水冲洗种子5min。将冲洗干净的种子平摊在无菌滤纸上，置于超净工作台晾干。要避免消毒后的种子被外界的病原菌再感染。避免晾干过程中接

▶图 3-43　育苗基质装盘

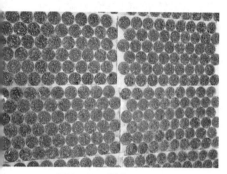

▶图 3-44　摆盘

▶图 3-45　工人在点播节瓜种子

触杀菌剂、杀虫剂和化学药品。种子完全晾干后，用 75% 福美双可湿性粉剂拌种。福美双用量是种子质量的 0.2%~0.4%。

3. 装盘

将准备好的基质装入穴盘中（图 3-43），装盘时应注意不要用力压基质，用木板从穴盘的一端刮向另一端，刮掉盘面上多余基质，使穴盘上每个孔口清晰可见。

4. 压穴

把装有基质的穴盘，摞在一起 4~5 个为一组，上放一个空穴盘，两手均匀下压穴盘，压至穴深 1~1.5cm 为止。然后搬入育苗棚中，排放于铺有地膜的场地上（图 3-44），排时以顺育苗棚宽度竖放穴盘，每排横放 4 张穴盘，宽度 1.32m，便于在两边进行操作管理，两排之间相隔 20cm，既节约场地，也可方便走动。

5. 播种

72 孔盘播种深度应大于 1cm，128 孔盘和 288 孔盘播种深度为 0.5~1.0cm。浇水后各格室清晰可见。每穴放入 1 粒饱满种子（干种或催芽刚露白的种子，瓜类等种子须平放，见图 3-45、图 3-46），播种后，用基质覆盖穴盘，覆土厚度可根据种子的籽粒大小决定，厚度应掌握在 0.5~1.0cm。刮掉穴盘上面多余的基质，以露出格室为宜，整齐排放。在播有种子的穴盘面上用喷壶喷水，且一定要浇透，以从穴盘底部渗水口看到水滴为宜。为不将基质冲出，应用细孔喷壶将水向上仰喷，使水如降雨般缓缓落下（苗期喷水也应照此进行）。冬季为提高基质温度和保湿，可于穴盘上盖地膜，夏天夜间覆盖地膜，早上揭开。但出苗 60%～70% 时应及时撤去，以防出现高脚苗或阳光灼伤。

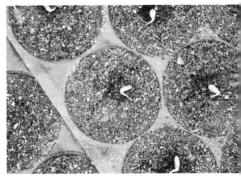

▶ 图 3-46　营养盘摆节瓜籽后的效果图

6. 催芽

干籽播种的在播种后应进行催芽处理，将播种后的穴盘移至催芽室，可将穴盘错落放置，也可放置在标准催芽架上，按照表 3-9 人工控制催芽室环境温度，空气相对湿度控制在 95% 左右，当有 50% 种子拱起基质时完成催芽。对于小规模育苗模式，也可采取催芽后人工播种的方式。

表 3-9　蔬菜适宜催芽温度和出苗时间

种类	最佳温度 /℃	出苗时间 /d
西瓜	35	3
网纹甜瓜、黄瓜、南瓜	30	3
辣（甜）椒	25	8
番茄、结球甘蓝	25	6
茄子	30	5
花椰菜、菠菜	25	5
生菜	25	2
洋葱、甜玉米	25	4
芹菜	20	7
芦笋	25	10
黄秋葵	35	6

四、苗期管理

1. 浇水管理

播种覆盖作业完毕后，将育苗盘基质充分浇透水。子叶展开至 2 叶 1 心，基质含水量控制在最大持水量的 70%～75%；3 叶 1 心至商品苗销售，基质含水量控制在最大持水量的 65%～70%。

穴盘育苗浇水方法和传统育苗方法不同，浇水次数也频繁，由于穴盘苗每穴中的基质量少，又多是干籽直播，所以装盘前，要将基质拌湿，要求播后的水一定要浇透。冬春季幼苗出土前可加小拱棚保温保湿，出苗前不用再浇水；夏季水分蒸发快，要小水勤浇，保持基质湿润，以利出苗，但水也不能过多，防止沤种。夏季于下午或傍晚进行，但以夜间叶面没有水珠为准，并加强通风、防水、遮阴、防虫（可以利用防虫网、遮阳网、棚膜等），没有雨时把防雨膜揭开，越大越好，预防高温，同时加上防虫网防虫；冬季于午前进行喷水并通风排湿，夜间提前盖草苫或补充加温。起苗前一天要浇一次透水，使苗坨容易取出，避免长距离运输时萎蔫、散坨和死苗。

2. 温度管理

育苗场所的气温条件是培育壮苗的基础，幼苗生长过程中，气温的高低极大地影响着幼苗的生长速率和质量。当气温高于幼苗生长的适温时，尤其是夜温过高时，地上部分生长速率加快，容易形成徒长苗；气温长期低于幼苗生长的适温时，生长速率变慢，容易形成老化苗或出现沤根。

昼夜温差对于培育壮苗有着极为重要的作用，白天应保持秧苗生长的适宜温度，增加秧苗的光合产物，适当降低夜温有利于光合产物的积累。

一般播后的催芽出苗阶段，是育苗期间要求温度最高的时期，待60%以上种子拱土后，适当降低温度防止出现高脚苗，但仍需保持适宜温度，以保证出苗整齐；幼苗第一片真叶展开后，可将温度调整到作物苗期适宜生长的温度（表3-10）。

表3-10　幼苗期温度管理

作物	出苗期		幼苗期	
	温度 /℃	天数 /d	白天 /℃	夜晚 /℃
番茄	20 ~ 25	3 ~ 4	20 ~ 23	10 ~ 15
辣（甜）椒	25 ~ 30	5 ~ 7	25 ~ 28	15 ~ 18
茄子	25 ~ 30	5 ~ 7	25 ~ 28	15 ~ 20
黄瓜	28 ~ 30	1 ~ 2	25 ~ 28	18 ~ 20
甜瓜	28 ~ 32	2 ~ 3	25 ~ 30	18 ~ 20
西瓜	28 ~ 30	1 ~ 2	23 ~ 28	18 ~ 20
西葫芦	25 ~ 30	1 ~ 2	20 ~ 25	12 ~ 15
甘蓝	20 ~ 25	2	18 ~ 22	10 ~ 12

定植前 5～7d 逐渐加大放风，降低温度，该温度以定植区的环境条件为参照，以达到炼苗的目的。

3. 光照条件

光照是幼苗进行光合作用和提高育苗场所温度的能源，光照可直接影响幼苗的生长发育质量、养分积累和花芽分化，是培育壮苗不可缺少的因素。若幼苗长期处于弱光的条件下，易形成徒长苗，造成秧苗高脚、茎细、叶片数少、叶面积小、叶色发黄、花芽分化推迟，幼苗素质下降。

夏秋季育苗，光照过强，需用遮阳网遮阴，以达到降温防病的效果；冬春季育苗又需尽可能地加强光照，通过适时揭开草苫，选用防尘、无滴、消雾多功能覆盖材料，定期冲刷膜上灰尘，以满足秧苗对光照的需求。一般苗床上部应配置高压钠灯，在冬季遇连阴雨天时，开启补光系统可增加光照强度。

4. CO_2（二氧化碳）气肥

适当增施 CO_2 气肥是培育壮苗的有效措施之一。所以，在保障温度的前提下，育苗设施要经常进行通风换气，保持温室内空气新鲜，以满足蔬菜幼苗生长对气体的需要。有条件的可进行 CO_2 施肥，可用 CO_2 施肥器或 CO_2 气瓶等，使育苗设施内的 CO_2 浓度由 300mg/kg 左右提高到 800～1200mg/kg。

5. 追肥

基质中已含有丰富的有机质及一定量的矿质元素，对于日历苗龄较短的幼苗，基质中的养分足够幼苗生长所需，一般不需追肥。日历苗龄较长的幼苗（35d 以上），幼苗真叶充分展开后，每 10～15d 浇 2000 倍磷酸二氢钾营养液，一般随水进行施肥，且施肥、浇水要匀，该浇透的一定要浇透。在定植前 2～3d 可追肥 1 次，喷施相应农药，做到带药定植。

6. 病虫害控制

猝倒病、立枯病发病初期，可每平方米喷淋 72.2% 霜霉威水剂 400 倍液 2～3kg。基质温度长期低于 12℃，再加上浇水量过大或遇到连阴天气时，可能发生沤根现象。在高寒季节育苗，可采用电热线加温，保持基质温度在 16～18℃ 以上；依据天气好坏，正确掌握浇水与放风的时间、次数。育苗期虫害主要有蚜虫、白粉虱、潜叶蝇等。由于穴盘育苗都在设施内

▶ 图 3-47　穴盘基质育苗采用黄板、蓝板诱杀害虫

进行，可采用黄板、蓝板等诱杀（图3-47），药剂防治首选烟雾剂熏蒸。蔬菜穴盘育苗常用化学农药及使用剂量见表3-11。

表3-11　蔬菜穴盘育苗常用化学农药及使用剂量

农药类别	农药品种	防治对象	常用剂量及施用方法
杀菌剂	50%多菌灵可湿性粉剂	白粉病、炭疽病、疫病、灰霉病	300～500倍液喷雾
	72.2%霜霉威水剂	霜霉病、疫病、猝倒病	600～1000倍液灌根或喷雾
	75%百菌清可湿性粉剂	炭疽病、疫病、霜霉病、白粉病	800倍液喷雾
	50%福美双可湿性粉剂	处理种子与基质	用种子质量的0.10%～0.25%拌种
	70%甲基硫菌灵可湿性粉剂	炭疽病、菌核病、白粉病、灰霉病	800～1200倍液喷雾
	3%中生菌素可湿性粉剂	细菌性病害	1000倍液喷雾
	72%霜脲·锰锌可湿性粉剂	霜霉病、疫病	800倍液喷雾
	64%恶霜灵可湿性粉剂	疫病、炭疽病、黑斑病	400～600倍液喷雾
	58%甲霜灵可湿性粉剂	霜霉病	1000倍液喷雾
	70%代森锰锌可湿性粉剂	早疫病、晚疫病、褐腐病	500倍液喷雾
	25%嘧菌酯悬浮剂	白粉病、锈病、霜霉病	1000倍液喷雾
杀虫剂	5%氟啶脲乳油	菜青虫、小菜蛾、斜纹夜蛾等	1500～2000倍液喷雾
	1%阿维菌素乳油	蚜虫、小菜蛾、夜蛾等	1000～2000倍液喷雾
	10%吡虫啉可湿性粉剂	各类蚜虫、粉飞虱、叶蝉等	1500～2500倍液喷雾
	25%溴氰菊酯乳油	甘蓝、大白菜上的小菜蛾、菜青虫等	1000倍液喷雾

7. 补苗和分苗

一次成苗的需在第一片真叶展开时，抓紧将缺苗孔补齐。用72孔育苗盘育苗，大多先播在288孔穴盘内，当小苗长至1～2片真叶时，移至72孔穴盘内，这样可提高前期温室有效利用，减少能耗。

8. 移盘倒苗

出苗后夏季 3 ~ 5d，冬季 5 ~ 7d 进行一次移盘（图 3-48），即将穴盘向前或向后移动 20cm，防止根系下扎，若根下扎，可以拉断，起到抑制旺长的作用。冬季如棚内前后温度、光照相差较大时，应进行整排穴盘的前后位置倒动。苗期定期喷药防止病害。苗出棚前 5 ~ 7d 应移动穴盘防止根往外扎，或使断根愈合；适当控水并加强通风炼苗，使苗更适应定植的环境条件。

▶图 3-48　穴盘移盘

9. 优质壮苗标准

穴盘育苗与常规育苗不同，一般日历苗龄和形态苗龄都较小。壮苗的标准是根系发育好，侧根多呈白色，子叶完整、肥大，茎粗壮，节间短，叶色深绿，生长健壮（图 3-49~图 3-52）。

10. 成苗贮运

当幼苗已经达到成苗标准，但由于气候等原因无法及时出圃，需要在圃中存放时，应适当降低育苗设施内的温度至 12 ~ 15℃，施用少量硝酸钙或硝酸钾，将光照强度控制在 25000lx（勒克斯）左右，灌水量以保证幼苗不萎蔫为宜，既可延缓幼苗生长，又不至于造成幼苗老化。

成苗的运输可以采取标准瓦楞纸箱、塑料筐或穴盘架等包装形式，但必须标明蔬菜种类、幼苗品种名称、产地、育苗单位、苗龄等

▶图 3-49　穴盘育苗培育的茄子苗

▶图 3-50　穴盘育苗培育的丝瓜苗

▶ 图 3-51 南方越冬穴盘育苗培育辣椒苗

▶ 图 3-52 穴盘丝瓜苗

▶ 图 3-53 运苗车运输穴盘苗确保不伤苗

基本信息。长途运输时，装苗货箱温度应尽量保持在 12℃左右，基质含水量约 75%，并进行间歇式通风。幼苗到达定植地后应及时定植。近距离定植的可采用平板车运输，或直接将穴盘带苗一起运到地里，但要注意防止穴盘的损伤（图 3-53）。

第四节

漂浮育苗

漂浮育苗（图 3-54、图 3-55），又叫漂浮种植，是一项新的育苗方法，将装有轻质育苗基质的泡沫穴盘漂浮于水面上，种子播于基质中，秧苗在育苗基质中扎根生长，并能从基质和水床中吸收水分和养分。与传统育苗法比较，它具有可减少移栽用工、节省育苗用地、便于秧苗管理、有利于培育壮苗、提高成苗率等优点。多用于生长期较短的绿叶类蔬菜。

漂浮育苗的工序流程为：选地→建池→注水→基质装盘→播种→入池→管理。

▶ 图 3-54 辣椒漂浮育苗

▶ 图 3-55 莴笋漂浮育苗

一、建造育苗池

育苗场地应选择在背风向阳，无污染、水源方便、排水顺畅，交通便利，容易平整的地方。有条件的，在建好连栋大棚后，在大棚里建造育苗池（图3-56）。漂浮池规格为池长670cm，池宽105～110cm（根据不同的漂浮盘大小确定，也可根据操作习惯确定。一般以可以竖摆放3个育苗盘，或横放2个育苗盘。），池深20cm，一个池子可摆放30个育苗盘；池埂采用宽窄埂，可用红砖、空心砖、土坯做成，空心砖或红砖做的窄埂30cm，宽埂50cm，土坯做的窄埂50cm，宽埂70cm；池埂做好后找平池底，用沙子、细土垫平；拱架规格为宽120cm，长670cm，拱高60～70cm，拱架用竹条或钢筋建成。

▶ 图 3-56 工厂化漂浮育生菜苗准备移栽（刘振国）

二、育苗池注水和消毒

漂浮池建好后用200倍的漂白粉溶液或0.1%高锰酸钾溶液或生石灰水对场地周围、漂浮池拱架进行消毒，先用小

▶ 图 3-57 小白菜普通漂浮育苗池

桶配制好溶液，然后用水瓢均匀浇洒在池水中，并搅拌均匀。第二天检查水位是否下降，发现育苗池漏水应及时修补。普通的漂浮育苗池（图3-57）

池底要铺 8 丝以上的黑膜或白膜，铺膜时防止地膜被划破或以后被磨破。在漂浮池中加入 13cm 左右深的干净水源，要求为清洁、无污染的自来水或者是地下水，保持氮素浓度为 150～200mg/kg。施肥时按营养液配方将肥料溶解后再放入漂浮池混匀，注意肥料不能直接施在漂浮盘上，以免烧苗。配制时先要准备称取原料，根据化合物的溶解特性分类溶解，即将与钙盐发生化学沉淀反应的化合物放在一起溶解，将与磷酸盐不发生化学沉淀的化合物放在一起溶解，将微量元素的化合物放在一起溶解，将铁盐螯合物单独溶解，分类溶解后按大量元素、微量元素、铁盐螯合物的次序加入有水的容器中，并溶解定容后使用。

三、漂浮盘的选择及消毒

漂浮盘采用 162 孔或 200 孔的聚苯乙烯塑料泡沫漂盘。外形尺寸为 66.5cm×34cm×（5.5～6.5）cm；密度 18 目以上，重量 180～220g，盘的密度低、重量轻，硬度不够，不耐用；底孔孔径 0.8cm，孔径小，吸水性差，孔径大，漏基质，都会影响出苗。

第一次使用的漂浮盘不带病菌，使用前不必消毒。使用过的漂浮盘可能带上病菌，使用前必须用 0.1% 高锰酸钾或 1：100 漂白粉溶液浸泡消毒。方法是将漂浮盘放入装有上述消毒液的池子中浸泡 10min 以上，取出集中覆盖塑料薄膜熏蒸 1～2d，揭膜晾干后即可。

四、基质的配制、消毒

基质要求有良好的保水性、良好的通透性。以 2 份泥炭土和 1 份珍珠岩混合的基质效果最好（同穴盘育苗基质）。基质在使用前可加入多菌灵、根腐灵等药，也可用 65% 代森锰锌可湿性粉剂消毒，每立方米基质用药 60g，药土混匀后盖膜 2～3d，或用 0.5% 的甲醛喷洒基质，可防猝倒病和菌核病。

五、装盘

育苗基质必须按比例混合均匀，并喷水湿润，基质水分调节到 40%～50%，做到手握成团、松手即散为宜。装盘要满（图 3-58），并均匀一致，否则影响根系的正常生长，具体方法是将基质铺满全部孔穴后用手轻拍盘侧 3 次，再铺上基质，用手刮去盘面上多余的基质即可。注意不

▶ 图 3-58 漂浮盘装基质示意图

能用手指或木棍压实基质，不能干装，不能空穴。

六、播种

先要打孔，一般用打孔器打孔，孔要打在盘的中心。打孔的深浅按所要播种的种子而定，甘蓝：0.5cm，番茄：0.8~1cm，椒类、茄子：1.0~1.2cm，黄瓜：1.5cm。然后进行播种，把种子放在漂浮盘中心的孔中（图3-59），每孔一粒，用基质覆盖使其与表面相平。播种做到当天播种，当天入池（图3-60），以免水分散失影响出苗。入池后盖上无纺布（或遮阳网），用喷雾器洒上适量水分。

▶ 图3-59　漂浮育苗播种（刘振国）

▶ 图3-60　漂浮育苗播种后及时入池（刘振国）

七、播后管理

1. 温度管理

品种不同所需温度会有所差异。一般在出苗及小十字期前当棚内温度高于38℃时，小棚需两头通风、大棚需要开启门窗通风降温。气温下降时及时关棚、关门窗保温。一般阴雨天需要保温，不需要通风降温；晴天早上11时温度超过38℃时开始通风降温，下午4时盖膜保温。

2. 揭去无纺布、遮阳网，查苗、补苗、间苗

当出苗达到80%以上时揭去无纺布。当80%进入小十字期后，进行间苗补苗，间除大、小苗，保留中等苗，每穴留苗1株，缺苗处用多余的苗补上。间苗补苗3d后揭去遮阳网。

3. 营养液管理

漂浮池中营养液深度保持在 10~15cm，根据苗的颜色判断是否应该施肥，若颜色呈淡绿色或黄绿色，表明氮素浓度过低，要加入适量肥料；若颜色呈深绿色或墨绿色，表明氮素浓度过高，应加入适量清水，使氮素浓度保持在 250mg/kg。注意观察营养液是否清澈，深度是否合适，如变浑浊、发臭，应及时换水、加肥；如营养液泄漏，应立即加底膜、加水、加肥；正常变浅时，应及时补充清水。

第四章
大棚蔬菜田间管理

第一节
定植前准备（整地、施肥、作畦）

一、大棚与土壤消毒

蔬菜大棚复种指数高，经常处于高温高湿的环境状态，造成土壤连作障碍严重，土传病虫害易发，严重影响下茬蔬菜的生长，制约大棚蔬菜的生产和发展。对大棚内的土壤和空间环境进行使用前消毒，是控制土传病虫害的有效措施。如果树立营养钵土、苗床土壤和栽培土壤消毒并重的观念，严防携带病菌、虫卵土壤进入大棚内，同时又对大棚内栽培土壤进行彻底消毒，能显著降低大棚蔬菜栽培的病虫害发生率。

1. 物理消毒法

（1）太阳能消毒法　一般是在大棚蔬菜采收后，连根拔除老的植株，深翻土壤，在7、8、9月的高温晴好天气，通过覆盖透明的吸热性好的薄膜（图4-1），使大棚密闭升温。15~20d后，地表温度可以达到80℃，地温可达50~60℃，气温也可高达50℃以上。在一年中最热的时间里，太阳能热处理6~8周对大多数土壤病虫均有防治效果。

▶ 图4-1　草莓地土壤覆膜高温杀菌

（2）热水消毒法　这是利用锅炉（图4-2），把75~100℃的热水直接浇灌在土壤上，使土温升高进行消毒的方法。这种消毒与蒸汽消毒均不受季节影响，可随时进行。消毒前，深翻土壤，耙磨平整，在地面上铺设滴灌管，并用地膜封严（图4-3），之后通入75~100℃的热水。给水量因土质、外界温度、栽培作物种类不同而不同，一般消毒范围在地下0~20cm时，每平方米灌100L水；消毒范围在地下0~30cm时，每平方米灌200L水。为了提高消毒效果，灌水前土壤要疏松，必须增施农家肥和深耕。

▶ 图4-2　热水灌注消毒供热系统　　　▶ 图4-3　热水灌注消毒前盖膜

（3）蒸汽消毒法　蒸汽热消毒一般使用专门的设备，如低温蒸汽消毒机。消毒作业时，将带孔的管子埋在地中，利用低温蒸汽消毒机的蒸汽锅炉加热，通过导管把蒸汽热能送到土壤中，使土壤温度升高。土壤温度在70℃时，保持30min。

2. 化学消毒法

（1）甲醛消毒法　播种前2~3周，将床土耙松，每亩用400mL药剂加水20~40kg（视土壤湿度而定）或用甲醛150倍液浇于床土，用薄膜覆盖4~5d，然后耙松床土，两星期后待药液充分挥发后播种。

（2）硫黄设施内消毒法　在定植或育苗前，每亩用硫黄3kg加6kg碎木屑，分10堆点燃，密闭棚室熏蒸一夜，然后打开棚膜放风3~5d，能杀死多种病菌和害虫。但蔬菜生长期应慎用，以防药害。

（3）波尔多液消毒法　每平方米土壤用波尔多液（硫酸铜、石灰、水的比例为1:1:100）2.5kg，加赛力散10g喷洒土壤，待土壤稍干即可。此法对黑斑病、灰霉病、褐斑病、炭疽病等防治效果较明显。

（4）石灰氮消毒法　选择夏季高温的棚室休闲期使用，每亩用麦草（或稻草）1000~2000kg，撒于地面；再在麦草上撒施石灰氮50~100kg（图

4-4）；深翻地 20～30cm，尽量将麦草或稻草翻压在地下层（图 4-5）；作高 30cm、宽 60～70cm 的畦；地面用薄膜密封，四周盖严；畦间灌水（图 4-6），且要浇足浇透；棚室用新棚膜完全密封（图 4-7），在夏日高温强光下闷棚 20～30d。石灰氮在土壤中分解产生单氰胺和双酚胺，这两种物质对线虫和土传病害有很强的杀灭作用。同时石灰氮中的氧化钙遇水放热，促使麦草或稻草腐烂，有很好的肥效。夏季高温，棚膜保温，地热升温，白天地表温度可高达 65～70℃，10cm 地温高达 50℃以上，可有效防治设施菜田的根结线虫病，黄瓜、番茄的裂蔓病、幼苗立枯病、疫病和青枯病，十字花科蔬菜的菌核病、根肿病和黄萎病，茄子的青枯病和立枯病等，并能有效抑制单子叶杂草的产生，减少田间杂草的危害。

▶ 图 4-4 撒施稻草加有机肥或石灰氮

▶ 图 4-5 翻耕压肥和稻草

▶ 图 4-6 灌水

▶ 图 4-7 盖地膜或密闭大棚膜消毒

（5）多菌灵消毒法　营养钵土每立方米采用50%多菌灵80g拌匀，堆闷24h；苗床土每亩用50%多菌灵2kg对100kg细干土闷24h，撒入苗床，排钵前在床面上撒上一层毒饵（每亩苗床用50%辛硫磷50g对水150g，加1.5kg炒麸皮拌匀）；栽培地每亩用50%多菌灵1kg，70%甲基硫菌灵1kg，加80%敌敌畏250g对细干土100kg闷24h，然后均匀撒入畦面。

（6）代森铵消毒法　代森铵是有机硫杀菌剂，杀菌力强，能渗入植物体内，每平方米用50%代森铵水剂350倍液3kg，可有效防治黑斑病、霜霉病、白粉病、立枯病等。

二、土壤耕作

土壤耕作是通过使用农机具对土壤深挖晒垡，调整土壤耕作层和土壤表面状况，以调节土壤水、肥、气、热的关系，为作物播种、出苗、生长发育提供适宜土壤环境的农业技术措施。

1. 人工翻地

用铁锹对设施内土壤进行深翻，深度可以达到15～22cm。优点是翻土深且匀，缺点是费工费时，效率较低。

2. 小型旋耕机耕地

用小型旋耕机进入设施内对土壤进行旋耕（图4-8），深度可以达到10～15cm。优点是机械操作，效率较高；缺点是耕地深度不够，容易造成设施内土壤耕层逐渐变浅，蔬菜根系生长空间小。

▶图4-8　大棚内小型机械翻地

3. 人工与旋耕相结合

先用小型旋耕机把作物秸秆和基肥进行旋耕混匀，再人工深翻达到30cm左右，既提高了耕作的效率，又提高了耕作的质量。

在深耕时，需要注意不要将生土翻上来，遵守"熟土在上，生土在下，不乱土层"的原则。深翻不需要每年进行，可深浅结合，深耕应结合施用大量的有机肥。深耕的深度应结合具体茬口和土壤特性决定，土层厚时，可适当深耕，土层浅时，可适当浅耕；根菜类、果菜类宜深耕，叶菜类宜稍浅耕。深耕应在秋茬蔬菜收获后进行。

三、施用基肥

大棚蔬菜生产中，蔬菜生长快，复种指数高，产出量高，大棚内生产的蔬菜对土壤肥力水平要求高。基肥一般以有机肥为主，根据需要配合一定量的化肥，化肥应以迟效肥与速效肥兼用为标准。

1. 基肥的种类

（1）秸秆有机肥　利用玉米、小麦、水稻等作物的秸秆，切碎后加水湿润，使秸秆含水量达到 60% ~ 70%，堆成宽 3 ~ 4cm、高 1.5 ~ 2m 的长方体。在堆料时先堆 50cm 高，撒一层速腐剂和尿素，然后每 40cm 撒一层，1t 秸秆使用速腐剂 1kg 和尿素 5kg，然后用泥将堆粒密封起来，2 ~ 3d 后堆内温度会迅速升高到 60 ~ 70℃，然后降至 50℃，持续 20d 左右。大约经过 25d 后，秸秆基本腐烂成高效有机肥。

（2）膨化鸡粪　把鸡粪经高温膨化、微生物发酵、消毒灭虫、灭菌后而制成的有机肥，又称发酵鸡粪，已经发酵腐熟，质轻，无异味，属于全元素肥料，一般做基肥（图4-9）。

（3）饼肥　饼肥（图4-10），主要是大豆、花生、油菜籽、棉籽等榨油后剩下的渣粕，含有丰富的蛋白质、有机质及氮磷钾等营养成分，有利于提高土壤有益微生物数量，改善土壤环境，是一种优质的有机肥。饼肥施用以后，不仅能提高产量，还能大大改善作物的品质。饼肥在施用后一定要充分腐熟，并与其他肥料配合使用，以满足蔬菜生长发育的需要。

▶图4-9　腐熟鸡粪肥可做基肥　　　▶图4-10　腐熟饼肥可做基肥

2. 基肥的施用方法

（1）撒施　将肥料均匀地铺撒在田面，结合整地翻入土中，并使肥料与土壤充分混匀。

（2）沟施　栽培畦（垄）下开沟，将肥料均匀撒入沟内，此种方法施肥集中，有利于提高肥效。

（3）穴施　先按株行距开好定植穴，在穴内施入适量的肥料。此种方法既节约肥料，又能提高肥效。

用后两种方法时，应在肥料上覆一层土，防止种子或幼苗根系与肥料直接接触而烧种或烧根。

四、作畦技术

作畦一般跟土壤耕作结合进行，在撒施基肥并翻耕土壤后，根据栽培需要确定合理的菜畦类型及走向，按照栽培畦的基本要求作畦（图4-11）。

1. 畦的走向

畦的走向直接影响植株的受光、光在冠层内的分布、通风情况、热量、地表水分等，应根据地形、地势及气候条件

▶ 图4-11　大棚内撒施腐熟有机肥后再进行翻耕作畦

确定合理的畦向。在风力较大的地区，畦的方向应与风向平行，利于畦间通风及减少台风危害；地势倾斜的地块，应以有利于保持土壤水分和防止土壤冲刷为原则来确定畦向。当植株的行向与栽培畦的走向平行时，南方地区多采用南北走向作畦，可使植株接受更多的阳光和热量。

2. 畦的类型

（1）平畦　畦面与田间通道相平的栽培畦形式。平畦土地利用率较高，适用于排水良好、雨量均匀、不需要经常灌溉的地区。主要应用在北方。

（2）低畦　畦面低于地面（图4-12），即畦间走道比地面高的栽培畦形式。低畦有利于蓄水和灌溉，适用于地下水位低、排水良好、气候干燥的地区。在南方主要应用于越冬育苗，在栽培上应用不多。

（3）高畦（图4-13）　为排水方便，在平畦基础上，挖一定的排水沟，使畦面凸起的栽培畦形式（图4-13）。适合于降水量大且集中的地区。南方大多采用该种作畦方式。

▶图4-12 低畦面苗床

▶图4-13 大棚内高畦整土示意

（4）垄（图4-14） 一种顶部呈圆弧形的窄高畦。一般垄底宽60～70cm，垄高15～30cm，垄间距离根据蔬菜种植的行距而定，蔬菜作物种植在垄上。垄用于春季栽培时，地温回升快，利于蔬菜生长；用于秋季蔬菜生长时，有利于雨季排水，且灌水时不直接浸泡植株，可减轻病害传播。北方多用垄栽培行距较大又适于单行种植的蔬菜，如大白菜、大型萝卜、结球甘蓝等。由于垄上土壤疏松，特别适合于根菜类和薯芋类蔬菜的栽培。但作垄比较费工费时。

▶图4-14 大棚垄栽辣椒

▶ 图4-15 畦块镇压

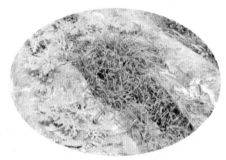

▶ 图4-16 西瓜地白色地膜盖膜质量差

▶ 图4-17 辣椒地黑色地膜覆盖

3. 作畦的基本要求

第一，土壤要细碎。整地作畦时，保持畦内无坷垃、石砾、薄膜等各种杂物，土壤必须细碎，这样有利于土壤毛细管的形成和根系吸收。

第二，畦面应平坦。平畦、高畦、低畦的畦面要平整，否则浇水后或雨后湿度不均匀，导致植株生长不整齐，且低洼处易积水。垄的高度要均匀一致。

第三，土壤松紧适度。为了保证良好的保水保肥性及通气状况，作畦后应保持土壤疏松透气，但在耕翻和作畦过程中也需适当用铁锨等工具进行镇压（图4-15），避免土壤过松。大孔隙较多，浇水时造成塌陷，从而使畦面高低不平，影响浇水和蔬菜生长。

五、地膜覆盖

地膜覆盖具有保水、保肥、增温、减少病菌虫卵、除草、减少人工、提早上市、增加产量等多种综合作用，产出远大于地膜的投入成本，建议进行规模种菜均配合采用地膜覆盖，做到"冬春一遍白，夏秋下遍黑"。但一些蔬菜基地，地膜覆盖做得不好，有些地膜质量不好，有些未盖平整，有些盖后未用土压好膜边，没有真正起到地膜覆盖的作用（图4-16）。

做好地膜覆盖工作，一是要选好地膜，地膜的种类很多，有黑色地膜（图4-17）、白色地膜、黑白双色地膜（图4-18）、除草地膜、降解地膜、银灰色避蚜膜（图4-19）等，要根据季节和生产的需要选用；二是要盖好地膜，如果整土时不平整，或盖膜操作者简单粗放，未盖好、盖平、盖严、压紧地膜，一旦杂草出来或经风吹雨打，顶坏或吹坏地膜，便失去了地膜覆盖的作用；三是一季作物结束后要及时清理地里的残膜。

　　在南方，蔬菜地膜覆盖主要应用于早春、晚秋、秋冬及冬春茬的栽培。6～7月的高温季节应用较少。对于秋菜或秋冬菜，因其前期温度高，后期温度低，选用增温效果差的黑膜、黑白双面膜或灰黑双面膜的效果较好。

▶ 图4-18　黑白双色地膜栽培

▶ 图4-19　草莓用银灰膜覆盖避蚜

　　地膜覆盖栽培还可与小拱棚配套使用，在早春茄果类、瓜类、豆类（图4-20）等蔬菜栽培中应用。设施栽培中如采用大、中、小棚加地膜的多层覆盖栽培方式（图4-21～图4-23），效果更佳。

▶ 图4-20　地膜套小拱棚栽培早春菜豆

▶ 图4-21　大棚加地膜覆盖栽培早春辣椒

▶ 图4-22　大棚加小拱棚加地膜栽培秋延辣椒

▶ 图4-23　大棚加二道膜加地膜栽培秋延辣椒

▶图 4-24　浇透底水等畦面干爽后盖好地膜，四周埋牢

▶图 4-25　先盖膜后用打孔器打孔

▶图 4-26　将穴盘苗或营养钵苗定植于定植孔内

普通高畦地膜覆盖，是目前应用最广泛的地膜覆盖方式。即平地起垄后做成畦高 10～12cm、畦面宽 65～70cm、畦底宽 100cm 的高畦，盖膜之前先用铁锹拍打畦面，使之非常平整，土细碎。如果畦面坑坑洼洼，或有大土坷垃，则地膜不能紧贴地面，既影响土壤增温，又容易长杂草。盖膜时要先把畦块打透底水，做到土壤湿度适中而比较干爽。然后将膜平铺于畦面上，膜四周压入土中，地膜要求铺平、盖紧、埋牢（图 4-24）。一般定植前 7～10d 盖好地膜，预先提高地温。有的菜农施入较多的未腐熟有机肥后盖地膜，并当即栽苗，结果造成烧苗。

普通地膜覆盖不能防霜冻，也不能抵御低温对蔬菜秧苗的危害，因此地膜覆盖栽培的蔬菜只能比露地栽培的提早 7～10d 上市。

盖地膜的蔬菜，由于生长快、长势好，其株行距应比露地栽培的稍大一些，定植时可比一般露地栽培深一些。

普通高畦地膜覆盖定植的方法有两种，一种是先盖膜后定植。即按株行距用刀划破膜或用打孔器打孔，挖定植穴（图 4-25），苗栽下后浇定根水、覆土，将定植孔周围的薄膜压紧，封死孔穴（图 4-26），并稍高出地面呈一小土堆，此法操作简便，在生产上常用。但当秧苗大、带土多，或采用大营养钵育苗时，定植穴要开得很大，会影响地膜覆盖的效果，这时可改用第二种方法，先定植后套膜，即按栽下去的苗的位置，将薄膜划一"十"字形孔，让苗从孔中伸出来，把膜套盖地面上，此法容易碰伤幼苗叶片，操作较麻烦，也不易保持畦面和地膜的平整。

地膜盖好后，要经常下田检查，发现地膜裂口及时用土封严，以免裂口扩大，发现膜边被风掀起，及时埋牢。在苗期，应注意清扫膜面多余的泥土杂物，保持膜面清洁，提高透光率。

正常情况下，地膜覆盖应一直到采收结束。但在后期高温或土壤干旱时，为防止高温影响植株生长发育，可在膜上盖土，或在地膜上盖草（图4-27），以降低地温，也可及时揭掉地膜或把地膜划破，及时追肥灌水，防止植株早衰而减产；地膜覆盖的蔬菜发生了较严重的土传病害时，应揭去地膜，表现严重缺肥时，也可考虑揭去地膜，以便于补充追肥；如果遇到由于连作或施肥过多等膜下出现盐渍的现象（图4-28），导致植株长期僵而不发，此时也只能把地膜揭开，通过自然降雨或人工灌水进行洗盐。

▶ 图4-27　遇高温时西葫芦地膜上可盖土或草

▶ 图4-28　菜豆栽培土壤盐渍化（红色）宜揭地膜或不盖地膜

六、定植前的准备

在定植前应该做好土地和秧苗的准备工作。整地作畦后、定植前，按照确定的行株距开沟或挖定植穴，施入适量腐熟的有机肥和复合肥，与土拌匀后覆层细土，避免定植后秧苗根系与肥料直接接触。选择适龄幼苗定植，苗过小不易操作，过大则伤根严重，缓苗期长。一般叶菜类以幼苗具 5～6 片真叶为宜；瓜类、豆类根系再生能力弱，定植宜早，瓜类多在 5 片真叶时定植，豆类在具 2 片对称子叶、真叶未出时定植；茄果类根系再生能力弱，可带花或带果定植，但缓苗期长。定植前对秧苗进行蹲苗（适当控制浇水）锻炼，可提高其对定植后环境条件的适应能力，缩短缓苗期。

大棚蔬菜直播或移栽

一、菜田直播

有些蔬菜由于栽培季节适宜蔬菜生长、植株根系较弱、移植后不易成活，或植株体较小、移栽工作量太大，或以肉质根为产品器官、移植伤根后易形成大量畸形根等原因，一般不进行育苗，而采用直播的方式进行栽培，如豆类、芫荽、菠菜、冬寒菜、菜心等部分绿叶菜和胡萝卜、萝卜等根菜类等。

直播苗期时间长，杂草与幼苗同时生长，在种植大棚蔬菜时，能不采用直播的，尽量不用直播，最好采用育苗移栽。只能采用直播的，如萝卜、胡萝卜、大蒜等，应尽量配合防止杂草丛生的措施，如大蒜条播配合行间盖稻草抑草（图4-29），萝卜点播配合地膜覆盖除草（图4-30），芫荽撒播可配合混播生长快速的小白菜籽等，使秧苗生长快速占领土壤表面，后期配合间苗和拔除嫩苗上市等。

▶ 图4-29 大蒜条播配合行间盖稻草抑草　▶ 图4-30 萝卜点播配合地膜覆盖除草

1. 播种方式

主要有撒播、条播和点播3种方式。

（1）撒播　在平整好的畦面上均匀地撒上种子，然后覆土镇压。撒播的蔬菜密度大、产量高，无需播种工具，省工省时，但也有管理不便、用种量大等缺点。撒播多适用于生长迅速、营养面积小的小白菜、菜心（图4-31）、芫荽（图4-32）、菠菜（图4-33）、茼蒿、蕹菜（图4-34）、苋菜等绿叶菜类。

▶ 图4-31　菜心撒播长势好

▶ 图4-32　芫荽大棚撒播栽培

▶ 图4-33　菠菜大棚撒播栽培

▶ 图4-34　蕹菜大棚撒播遮阳栽培

　　（2）条播　在平整好的畦面上按一定行距开沟，将种子均匀撒在播种沟内，然后覆土镇压。条播地块行间较宽，便于机械播种及中耕等管理，同时用种量也较少。多用于单株占地面积较小而生长期较长的蔬菜，如菠菜、胡萝卜（图4-35）、大蒜等。

　　（3）点播　点播是将种子播在规定的穴内。适用于营养面积大、生长期较长的大型蔬菜，如茄果类、瓜类（图4-36）、萝卜（图4-37）、豆类（图4-38）、薯芋类（图4-39）等蔬菜。点播用种最省，植株营养面积均衡，也便于机械化耕作管理，但也存在着穴间的播种深度不均、出苗不整齐、播种用工多、费工费事等缺点。

2. 播种方法

分干播法和湿播法两种。湿播为播种前先灌水，待水渗下后播种，覆盖干土。湿播播种质量好，保苗率高，土面疏松而不板结，但操作复杂，工效低。

干播为播种前不灌水，播种后镇压覆土。干播操作简单，速度快，但如播种时土壤墒情不好，播种后又管理不当，容易造成缺苗，如播种后大量灌水，则易造成土壤板结。

3. 播种深度

即覆土的厚度，主要依据种子大小、土壤质地及气候条件而定。种子小，宜浅播；大粒种子，可深播。砂质土壤，播种宜深；黏重土壤，播种宜浅。高温干燥时播种宜深；天气阴湿时宜浅。决定播种深度时也应注意种子发芽特点，如菜豆种子发芽时易腐烂，其播种深度应较其他同样大小的种子浅；瓜类种子，播种时除注意将种子平放外，还要保持一定的深度。种子的播种深度一般以种子直径的 2~6 倍为宜，小型种子于疏松土层中播种深度约 2~2.5cm，黏土中 1~2cm，豆类等大粒种子，一般约 3cm。

4. 直播蔬菜苗期管理

（1）间苗　蔬菜直播栽培时，应根据播种密度，及时间苗。间苗应分次进行，由出苗到定苗应间苗 2~3 次，一般在 1~2 片叶和 3~4 片叶时进行。苗距由蔬菜种类、品种和预定的密度来确定。间苗时应掌握"间早不间晚、先轻后重、间病留健、间弱留强"的原则，将多余的小苗、弱苗、杂苗、病苗和畸形苗及时拔掉或剪除。

（2）水肥管理　播种后必须保证出苗所需水分。每次间苗后，结合浇"合缝水"，可进行追肥，以促进植株迅速生长。浇水后 2~3d，待土层表面干结时，可进行中耕。

（3）定苗　对于大白菜、萝卜、胡萝卜等直播蔬菜，最后一次间苗也就是定苗（图 4-40）。定苗是根据计划株距或营养面积选留优质苗，去除多余苗。

定苗时除与前几次间苗作业要求相同外，还要掌握好株间距离，按照预定的营养面积定苗。如直播蔬菜出苗时出现连续断畦（垄）现象，在最后定苗时，应选择间除的部分健壮幼苗进行补苗。对补栽的秧苗，应"偏吃、偏喝"，使小苗赶大苗，达到苗齐、苗壮。

▶ 图 4-35 胡萝卜条播生长期

▶ 图 4-36 夏黄瓜点播苗期

▶ 图 4-37 萝卜点播苗期

▶ 图 4-38 菜豆点播苗期

▶ 图 4-39 马铃薯点播出苗期

▶ 图 4-40 萝卜点播后覆膜，开口破膜引苗，定苗 1 株或只播 1 粒种子

二、蔬菜栽植

1. 栽植前的准备

（1）土地准备　菜地整地宜早，尤以早熟栽培，应及早做好整地、施基肥和作畦的准备工作。欲使用地膜覆盖栽培，更需要提高整地质量和定植质量。

在整地作畦之后，定植前还需要按照栽植密度要求开定植沟或定植穴，并施入一定量的底肥，与土拌合均匀后栽植。一般情况下，大棚蔬菜定植时适合穴施或沟施的肥料有商品有机肥、生物肥、腐殖酸和氨基酸类肥料，穴施时一般以每穴施入 30～40g 为宜。需要注意的是，肥料应与定植穴或定植沟内的土壤搅拌均匀，然后在上面栽苗，切忌把幼苗直接栽在肥料上。

（2）秧苗准备　蔬菜定植对秧苗大小的要求，依种类不同而有区别。一般叶菜类秧苗，以具有 4～5 片真叶为宜；豆类秧苗应在 2 片真叶期定植；茄果类秧苗，可带蕾定植，以提早成熟。

秧苗健壮是移栽成活的重要条件之一。定植前要做好秧苗锻炼、蹲苗、囤苗及保护根系等措施。凡定植的蔬菜秧苗，均提倡

▶图 4-41　待移栽的穴盘茄子苗

▶图 4-42　待移栽的穴盘黄瓜嫁接苗

穴盘（图 4-41、图 4-42）、营养钵（图 4-43、图 4-44）或营养块（坨）（图 4-45、图 4-46）育苗。

▶ 图 4-43　待移栽的营养钵苦瓜苗

▶ 图 4-44　待移栽的营养钵丝瓜苗

▶ 图 4-45　待移栽的营养砣番茄苗

▶ 图 4-46　营养块培育大白菜苗

应根据事前确定的密度，准备足够的秧苗，同时还必须准备部分预备苗，以便补苗（图 4-47）。另外在定植前应选苗、分苗，剔除病苗、劣苗，并按秧苗大小分级。定植前的成苗经过一段时间蹲苗后，营养土较干，直到定植时可少量给水。在起苗、运苗时尽量不要扭伤秧苗茎叶，也不能以手捏根，要轻拿轻放。

2. 栽植时期和方法

（1）栽植时期　由于各地气候条件不同，蔬菜种类繁多，各地应根据气候与土壤条件、蔬菜种类、产品上市时间及栽培方式等来确定适宜的播种与定植时期。大棚蔬菜生产的定植时期主要由产品上市的时间、幼苗大小、土地情况及大棚保温性能而定。

在南方，由于冬季日照时间短，光照不足，大棚的保温能力是相当有限的，有的菜农以为有了大棚的保护，想什么时候播种就什么时候播种，由于秋冬季前期气温高，秧苗是长好了，但由于播种定植时间迟（图 4-48），到开花结果期遇到严霜或雨雪，导致了毁种。

▶图 4-47 黄瓜定植时预留部分苗以备补种

▶图 4-48 某基地秋延茄子定植过晚不坐果、基本无收

（2）栽植方法 在适宜的定植时期，根据定植密度，选择适宜的时间进行定植，定植方法有明水定植法与暗水定植法。

①明水定植法 整地作畦后先按行株距开穴（开沟）栽苗（图 4-49），栽完后按畦或地块统一浇定植水（图 4-50）的方法，称为明水栽苗法。该法田间操作省工，速度快。但在早春栽植时如栽后浇水过多，土壤水分蒸发量大，易引起地温的明显降低，不利于幼苗的根系生长，缓苗慢。同时明水栽苗易引起土壤板结、产生裂缝，保墒能力差，适用于高温季节定植。

▶图 4-49 员工在定植秋甘蓝苗

▶图 4-50 给刚移栽的甘蓝苗浇定根水

②暗水定植法 分为"坐水法"和"水稳苗法"两种。

坐水法：按株行距开穴或开沟后先浇足水，将幼苗土坨或根部置于泥水中，水渗下后再覆土。该定植法速度快，还可保持土壤良好的透气性，促进幼苗发根和缓苗等作用。幼苗成活率较高。

水稳苗法：按株行距开穴或开沟栽苗，栽苗后先少量覆土并适当压紧、浇水，待水全部渗下后，再覆盖干土。该法既能保证达到土壤湿度要求，又能增加地温，利于根系生长，适合于冬春季定植，一般秧苗带土移栽及各种容器苗定植多采用此法。

栽植时应注意：一是尽量多带土，避免伤根；二是栽植深浅应适宜，一般以子叶下为宜，如黄瓜"露坨"，茄子"没脖""深栽茄子浅栽蒜"，番茄可栽至第一片真叶下，对于番茄等的徒长苗还可深栽，以促进茎上不定根的发生，大白菜根系浅、茎短缩，深栽易烂心，在潮湿地区不宜栽植过深，避免下部根腐烂；三是选择合适定植时间，一般寒冷季节选晴天，炎热季节选阴天或午后。

③栽植密度　定植密度因蔬菜的株型、开展度以及栽培管理水平、环境条件等不同而异。合理密植就是在保证蔬菜正常生长发育的前提下，尽量增加定植密度，充分利用光、温、水、土、气、肥等环境条件，提高蔬菜产量及品质。一般来说，爬地生长的蔓生蔬菜（图4-51）定植密度应小，直立生长（图4-52）或支架栽培（图4-53）蔬菜的密度应大；丛生的叶菜类和根菜类（图4-54）密度宜小；早熟品种或栽培条件不良时密度宜大，而晚熟品种或适宜条件下栽培的蔬菜密度应小；高温多雨的地区，应较低温少雨地区密度小些。

合理密植是蔬菜增产增收的重要措施。应根据蔬菜不同种类

▶ 图4-51　爬地栽培的西瓜等蔓生蔬菜密度宜小

▶ 图4-52　直立生长的茄子等蔬菜密度宜大

▶ 图4-53　支架栽培的冬瓜等蔬菜密度宜大

▶ 图4-54　丛生栽培的萝卜等根菜类密度宜小

间的生长习性及其群体结构的发展过程，通过深耕、施肥、适时灌溉、及时搭架、整枝、压蔓和摘叶等技术措施，加强田间管理，改善通风透光条件，以实现合理密植。合理密植还应注意加强病虫害防治。对于高温多雨地区或季节，不提倡密植；在没有灌溉条件、土壤肥力又低的地区，也不宜密植。

3. 缓苗期的管理

定植后，根据天气状况可进行临时性的田间保护，以利于迅速缓苗。如气温低时，进行简易覆盖以提高地温（图4-55）；栽植后阳光过于猛烈时应设法遮阴（图4-56），增加空气湿度，降低光照度等。当植株缓苗后，即应进行灌溉，浇一次缓苗水。

▶ 图4-55　早春南瓜用小拱棚覆盖塑料膜促缓苗

▶ 图4-56　夏季阳光强烈时用小拱棚加遮阳网遮阳促缓苗

缓苗与否一般用形态指标来进行判别：一是拔出植株，看其新根特别是根毛发生情况；二是看地上部是否有新叶展开，植株是否开始新的生长。缓苗后，应根据具体蔬菜种类及其生长发育特点，进行正常的肥水管理、土壤管理和病虫草害防治，以促进植株迅速生长。

第三节

中耕、除草与培土

一、中耕

及时进行中耕除草，防止杂草与作物竞争水分、养分、阳光和空气，使大棚栽培的蔬菜在田间生长中占绝对优势，这是中耕除草技术应用的关键。从蔬菜栽培的角度来看，播种出苗后，雨后或灌溉后表土已干（图4-57），天气晴朗时就应及时进行中耕。因雨后或灌水后的中耕，可以破碎土壤表面的板结层，使空气容易进入土中，满足根系呼吸对氧气的需要，增加养分分解，使土壤有机物易于释放 CO_2，促进作物光合作用的进行。冬季及早春中耕有利于提高土温，促进作物光合作用的进行，促进作物根系发育，同时因切断了表土的毛细管，因而减少水分的蒸发。

▶ 图 4-57　豇豆土壤板结需中耕

由于作物的种类不同，根系的再生与恢复能力有所差异，因此，中耕的深度有所不同。番茄根的再生能力强，切断老根后容易发生新根，增加根系的吸收面积，这类作物可以进行深中耕。黄瓜、葱蒜类根系较浅，根受伤后再生能力较差，宜进行浅中耕。苗小时中耕不宜太深，株行距小者中耕宜浅些。一般中耕深度为 3～6cm 或 9cm 左右。

中耕的次数依作物种类、生长期长短及土壤性质而定。生长期长的作物中耕次数较多，反之就较少。但中耕都需要在未封垄前进行，中耕常与除草相结合。

二、除草

在一般情况下，杂草生长的速度远远超过栽培作物，而且其生命力极强，如不加以人为地限制，很快就会压倒蔬菜的生长。杂草除了夺取作物生长所需要的水分、养分和阳光外，还常常是病虫害潜伏的场所。许多昆虫在杂草丛中潜伏过冬，如十字花科蔬菜的潜叶蝇和黄条跳甲。杂草也是某些蔬菜病害的媒介，十字花科的许多杂草，就是滋长白菜根腐病和白锈病病菌的场所。此外，还有一些寄生性的杂草，能直接吸收蔬菜作物体内的养分，如菟丝子（图 4-58）。因此，防除杂草是农业生产上的重要问题。

杂草种子数量多，发芽能力强，甚至能在土壤中保存数十年后仍有发芽能力。因此，除草应在杂草幼小而生长较弱的时候进行，才能有较好的效果。除草的几种方法如下。

1. 人工除草（图 4-59）

方法是利用小锄头或其他工具，费劳动力多，效率低，但质量好，目前仍然必须使用。

▶ 图4-58　菟丝子危害大棚苋菜

▶ 图4-59　大棚黄瓜人工除草

2. 机械除草

比人工除草效率高，但只能除掉行间的杂草，株间的杂草因与苗距离近，除草时容易伤苗，还得用人工除草作为辅助措施。

3. 化学除草

是利用化学药剂来防除杂草，方法简便，效率高，可以杀死行间或株间的杂草，是农业现代化生产的重要环节之一，必须不断发展低毒、高效而有选择性的除草剂。目前蔬菜化学除草主要是播种后出苗前或在苗期使用除草剂，用以杀死杂草幼苗或幼芽。对多年生的宿根性杂草，应在整地时把杂草根茎清除，否则在作物生长期间就难以防除了。

三、培土

蔬菜的培土（图4-60）是在植株生长期间将行间的土壤分次培于植株的根部，这种措施往往是与中耕除草结合进行的（图4-61）。北方垄作地区趟地就是培土的方式之一。在江南雨水多的地方，为了加强排水，把畦沟中的泥土掘起，覆在植株的根部，不仅有利于排水，也为根系的发育创造了良好的条件。

培土对不同的蔬菜有不同的作用。大葱（图4-62）、韭菜、芹菜、石刁柏等蔬菜的培土，可以促进植株软化，提高产品质量；马铃薯等的培土，可以促进地下茎的形成（图4-63）；容易发生不定根的番茄、南瓜等，培土后能促进不定根的发生，加强根系吸收土壤养分和水分的能力。此外，培土可以防止植株倒伏，具有防寒、防热等多方面的作用。

▶ 图 4-60 对萝卜进行培土具防寒保温作用

▶ 图 4-61 结合中耕除草给黄瓜幼苗培土固株

▶ 图 4-62 大葱培土软化植株

▶ 图 4-63 培土过浅导致马铃薯只长苗不长薯

第四节

大棚蔬菜浇水管理

一、大棚蔬菜灌溉的主要方式

1. 喷灌

喷灌（图 4-64），是利用水泵加压或自然落差将灌溉水输送到田间，并喷射到空中分散成细小的水滴，像天然降雨一样进行灌溉，为蔬菜正常生长提供水分的一种灌溉方法。这种方法主要应用于露地蔬菜，大棚蔬菜主要采用微喷灌。

喷灌系统一般由水源工程、首部装置、输配水管道系统和喷头组成。可

▶图4-64 紫背天葵田间喷灌

以作为喷灌用的水源有河流、湖泊、水库、池塘、泉水、井水或渠道水，水源工程的作用是通过蓄积、沉淀及过滤，满足喷灌在水量和水质方面的要求。控制器、过滤器、压力表、进（排）气阀、逆止阀、施肥器和电气设备组成首部装置（图4-65、图4-66）。输配水要选用压力管道，由干管和多级支管及其配件组成（图4-67）。喷头将有压水喷射到空中，分成众多细小水滴，均匀地喷洒到田间。喷头有全园喷洒、扇形喷洒、行走喷洒（图4-68）和定点喷洒等多种类型。

▶图4-65 某合作社大型喷滴灌首部部分

▶图4-67 喷灌压力管网图示

▶图4-66 某合作社简易喷灌首部部分

▶图4-68 行走式喷水装置

▶图4-69 大棚内微喷灌湿润土壤

微喷灌（图4-69）是用很小的喷头（微喷头）将水喷洒在土壤表面。微喷头的工作压力与滴头大致相同，但喷洒孔口稍大，出流流速比滴头大，所以堵塞的可能性大大减少。微喷灌在大棚设施内应用较多。

喷灌适用于各种地形和土壤条件，不一定要求地面平整，特别适于山区、丘陵等地形复杂的地区和局部有高丘、坑洼的地区。采用喷灌方式灌溉不会产生地表径流和深层渗漏，灌水均匀度高，水分利用系数可以达到0.72～0.93，一般比地面灌溉节水30%～50%；机械化程度高，节省劳动力，可以减少沟、渠、畦、埂的占地，较地面灌溉节省土地7%～13%；可以通过雾化程度和喷灌强度的选择，避免破坏土壤团粒结构，不产生土壤冲刷，避免水土流失；喷灌还可以调节田间小气候条件，增加近地面空气湿度，调节温度和昼夜温差，避免干热风、高温及霜冻的危害。

但风对喷灌喷洒作业影响较大，一般风力大于3级时喷灌的均匀度就会大大下降。在干旱、多风及高温的区域或季节应用时，漂移蒸发损失大，雾化程度越高，蒸发损失越大。设备投资高，能耗大，运行费用高也是其缺点。

2. 滴灌

滴灌（图4-70、图4-71）是利用管道系统将水直接输送到每棵植物的根部，由每个滴头以小水滴直接滴在根部上的地表，然后渗入土壤并浸润作物根系主要分布区域的灌溉方法。滴灌在果菜类上应用效果显著，已在生产中，特别是大棚

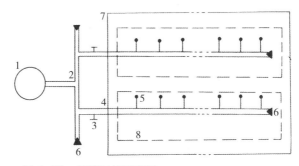
▶图4-70 喷灌系统示意图
1—控制首部；2—主管；3—阀门；4—支管；5—喷头；6—堵头；7—大棚；8—畦面

▶ 图 4-71　某合作社无土栽培蔬菜滴灌系统

设施生产中得到了大面积推广应用（图 4-72）。

滴灌系统由水源工程、首部枢纽、输配水管网（图 4-73）和灌水器四部分组成。水源工程、首部枢纽、输配水管网的设置与喷灌系统类似。灌水器是滴灌系统的核心部件，在一定压力下，水由毛管流进灌水器，灌水器再将灌溉水注入土壤，并在土壤中向四周扩散。

滴灌的优点，一是节约用水，提高水分生产率，滴灌一般比地面灌溉节水 30%～50%，有些作物可达 80% 左右，比喷灌省水 10%～20%；二是滴灌系统可以在灌水的同时进行施肥，实现水肥一体化，可以大大减少施肥量，提高肥效，比常规施肥节省肥料 50% 以上。滴灌技术节省能源，减少投资，易于实现自动化。在滴灌技术的使用过程中，主要问题是系统堵塞。

▶ 图 4-72　大棚内滴灌栽培辣椒

▶ 图 4-73　滴灌输配水管道及开关

3. 膜下滴灌

把滴灌毛管布置在地膜下面，称为膜下滴灌（图 4-74、图 4-75）。膜下滴灌是把工程节水和覆膜栽培两项技术集成的一项农业节水技术，在发挥滴灌效应的同时，可基本上避免地面无效蒸发，节水效果更为突出。膜下滴灌是目前最节水、节能的灌溉方式之一。据测算，与沟灌相比，膜下滴灌平均产量增加 20% 以上，节水 40%～50%。实施膜下滴灌技术，可有效改良农田的土壤结构，防止土壤次生盐碱化，保护生态环境，促进设施农业和精确农业的发展。

▶ 图 4-74　辣椒菜地膜下滴灌装置局部图

▶ 图 4-75　甜瓜膜下滴灌栽培

4. 畦灌

畦灌是用田埂将灌溉土地分隔成一系列小畦。灌水时，将水引入畦田后，在畦田上形成很薄的水层，沿畦长方向流动，在流动过程中借重力作用逐渐湿润土壤。主要适用于密植、小型的蔬菜，如菠菜、芹菜、油菜、四季萝卜等的灌溉。畦灌属于漫灌，用水量大，土地平整的情况下，灌溉才比较均匀。离进水口近的区域灌溉量大，远的区域灌溉量小，灌水均匀性差，对土地平整度要求严格，浪费水严重是其主要缺点。

5. 沟灌

沟灌（图 4-76）是在植物行间开挖灌水沟，水从输水沟进入灌水沟后，在流动的过程中主要借毛细管作用湿润土壤。和畦灌相比，其明显的优点是不会破坏植物根部附近的土壤结构，可减少灌溉浸湿的表面积，减少土壤蒸发损失，较畦灌节水，适用于宽行距的蔬菜。大棚设施内应用的膜下暗灌也是沟灌的一种形式，其节水和降低空气湿度的效果显著。

▶ 图 4-76　番茄沟灌浇水

6. 渗灌

渗灌是利用埋在地下的渗水管，在压力的作用下使水通过渗水管管壁上的微孔渗入田间耕作层，借毛细管作用自上而下湿润土壤的灌溉方法。渗灌与滴灌带灌溉相似，只是灌水器由滴灌带换成了渗灌管，由地上布置改变为埋入地下。渗灌将水直接送到作物根区，地表基本干燥，棵间蒸发很少，水利用率高，可达95%以上；耕作层土壤结构完好，具有良好的透气性；工作压力远低于滴灌和喷灌，节能效果显著。但抗堵塞能力差，检查和维护不方便，均匀性低，限制了其应用面积。

二、合理灌溉的依据

生长期的灌水方式应根据不同蔬菜种类、不同生长阶段、不同气候、不同土壤类型来确定。

1. 根据蔬菜种类进行浇水

不同种类的蔬菜灌溉要求不同。需水量大的蔬菜应多浇水，耐旱性蔬菜要少浇水。对白菜、黄瓜等根系浅而叶面积大的种类，要经常灌水；对番茄、茄子、豆类等根系深且叶面积大的种类，应保持畦面"见干见湿"；对速生性叶菜类应保持畦面湿润。

不同的蔬菜对土壤过湿的适应性（即耐湿性）也不同。除水生蔬菜外，只有叶菜类的蕹菜、菠菜、芹菜等，薯芋类中的芋，茄果类中的茄子，瓜类中的丝瓜等相对比较耐湿，其他大多数蔬菜都不耐湿，要求雨后甚至灌溉之后及时排水。

2. 根据蔬菜的长相可确定是否需浇水

如早晨看叶子尖端滴露的有无与多少（图4-77），中午看叶子是否萎蔫（图4-78），其他时间看叶片的颜色、叶片展开的快慢，摸叶片的厚度，看节间长短等，均可判断蔬菜是否缺水。

▶ 图4-77　甘蓝叶片吐水说明水分充足或过多　　▶ 图4-78　黄瓜叶片全部打蔫说明缺水

3. 根据气候变化进行浇水

低温期尽量不浇水、少浇水，可通过勤中耕来保持土壤水分。必须浇水时，要在"冷尾暖头"的晴天进行，最好在中午前浇完。高温期可通过增加浇水次数、加大浇水量的方法来满足蔬菜对水分的需求，并降低地温，高温期浇水最好于早晨或傍晚进行。

在长江流域降水多的梅雨季节，水分管理的重点是及时清沟排水，雨后（植株封行之前）还要及时中耕松土。干旱少雨的季节要灌水，高温干旱时灌水要在天凉、地凉、水凉的早晚进行，切忌在中午气温高、地热、水热时进行。夏天宜用井水灌溉，尤其是热雷雨之后，用井水串灌，可起到降温、通气的作用，这就是菜农"涝浇园"的经验，要求随灌随排，田间不积水。冬春季气温低，蔬菜耗水少，灌溉也应相应减少，要浇水也应选晴暖天气浇小水，局部点浇或暗灌。

4. 根据蔬菜生长阶段进行浇水

种子发芽期需水多，播种要灌足播种水；根系生长为主时，要求土壤湿度适宜，水分不能过多，以中耕保墒为主，一般少灌或不灌；地上部分功能叶及食用器官旺盛生长时需大量灌水；始花期既怕水分过多，又怕过于干旱，所以多采取先灌水后中耕；食用器官接近成熟时期一般不灌水，以免延迟成熟或裂球裂果。具体操作如下。

一是种子发芽期，由于对土壤水分和空气要求都很高，所以苗床（或秧田）应当先浇水，后整地，使土壤又湿又松。

二是幼苗期，必须充分保证供水，浇水必须轻、勤（图4-79、图4-80）。到定植前1周，要注意控水炼苗。定植后要适量浇水活棵，但浇水不可过多，以免因缺氧而烂根。

▶图4-79　大白菜苗期应充分供水

▶图4-80　甘蓝苗期应充分供水

三是旺盛生长期，对水分的需求量相应增加。如大白菜（图 4-81）、甘蓝的莲座期（图 4-82），薯芋的结薯初期，必须充分满足营养体生长对水分的需要，以形成足够的叶面积，建立强大的同化机构。

▶ 图 4-81 夏大白菜莲座期需水量加大　　▶ 图 4-82　秋甘蓝莲座期需水量加大

四是产量形成期，如瓜类、豆类的结果结荚期，薯芋类的结薯盛期，大白菜（图 4-83）、甘蓝（图 4-84）、花椰菜的结球期，这时耗水量最多。此时如水分亏缺，对蔬菜的产量和品质影响很大，因此必须保证充足的水分供应。供留种用的或产品要贮藏的田块，收获前数天（一般 7～10d）要适当控水，以提高贮藏性能。

▶ 图 4-83　夏大白菜结球期需水量最多　　▶ 图 4-84　秋甘蓝结球期需水量最多

5. 根据土壤类型进行浇水

根据土壤的干湿程度采取相应的水分管理措施：干了灌，涝了排，湿了耢（中耕）。砂性土保水力差，灌溉次数要增多；黏性土保水力强，灌溉次数可减少，浇水量不宜大；地势低、地下水位高的地方，要节制灌溉，采用窄畦、短畦、深沟高畦，加强排水；在酸性土地区采取"加粪泼浇"，对碱性土强调用河水"大水沟灌溉洗碱"。

6. 结合栽培措施进行浇水

追肥后灌水，有利于肥料的分解和吸收作用；分苗、定苗后浇水，有利于缓苗；间苗、定苗后灌水，可弥缝、稳根。

灌排要与其他栽培措施相结合，如施肥后一般要结合灌溉，做到肥水相融；在苗床起苗之前要浇水，便于带土护根；间苗之后要浇一次"合缝水"；分苗或定植之后要浇"定根水"。棚室蔬菜灌溉要与通风结合，冬春季一般要选晴天的中午前灌水，接着大通风，让蔬菜上的水滴和棚内湿气及时散失，然后闭棚升温；要贮藏的蔬菜采收之前要节制灌溉；割韭菜、掐菜薹之后要过两三天再浇水，以利于伤口愈合。

第五节
大棚蔬菜追肥管理

一、合理施肥的依据

1. 根据不同蔬菜种类施肥

不同蔬菜种类对养分吸收利用的能力存在差异。例如，白菜、菠菜等叶菜类蔬菜喜氮肥，但在施用氮肥的同时，还需增施磷肥、钾肥；瓜类、茄果类和豆类等果菜类蔬菜，一般幼苗需氮较多，进入生殖生长期后，需磷量剧增，因此要增施磷肥，控制氮肥的用量；萝卜、胡萝卜等根菜类蔬菜，其生长前期主要供应氮肥，到肉质根生长期则需多施钾肥，适当控制氮肥用量，以便形成肥大的肉质根。

2. 根据生育时期施肥

蔬菜各生育期对土壤营养条件的要求不同。幼苗期根系尚不发达，吸收养分不太多，但对肥料要求很高，应适当施一些速效肥料；在营养生长盛期和结果期，植株需要吸收大量的养分，因此必须供给充足的肥料。

3. 根据栽培条件施肥

砂质土壤保肥性差，故施肥应少量多次；高温多雨季节，植株生长迅速，对养分的需求量大，但应控制氮肥的施用量，以免造成营养生长过盛，导致生殖生长延迟；在高寒地区，应增施磷肥、钾肥，提高植株的抗寒性。

4. 根据肥料种类施肥

化肥种类繁多，性质各异，施用方法也不尽相同。铵态氮肥易溶于水，作物能直接吸收利用，肥效快，但其性质不稳定，遇碱遇热易分解挥发出氨气，因而施用时应深施并及时覆土。尿素施入土壤后经微生物转化才能被吸收，所以尿素作追肥要提前施用，采用泵施、穴施、沟施，避免撒施。弱性磷肥宜施于酸性土壤，在石灰性土壤上施用效果差。硫酸钾、氯化钾、氯化铵、硫酸铵等化学中性、生理酸性肥料，最适合在中性或石灰性土壤上施用。

二、测土配方施肥技术

1. 测土配方施肥的步骤

蔬菜测土配方施肥包括取土、检测、配方、配肥、供肥、施肥、监测、修订等环节。

（1）取土

①采样单元　以一块集中连片种植同一种蔬菜作物的土地或一个大棚为一个采样单元，不能在多个不同品种种植基地或多个大棚混合取土。

②采样时间　一是在前茬作物拉秧后，后茬作物种植施肥前；二是作物生长期间，应在追肥前采样化验，追肥后不宜立即取土。

③取样点的确定（图4-85）　采集土壤样品应沿着一定的路线，按照"随机、等量、多点混合"的原则进行采样。"随机"即每一个采样点在采样单元内随意确定；"等量"即每一个采集点的土样深度、厚度、宽度要一致，上、中、下各部位土壤采样量要一致；"多点混合"即把一个采样单元内各点所采的土样混合构成一个混合样品。一般采用"S法"或"X法"，随机确定10～15个采样点，并使取样点在取样单元内分布均匀，确定取样点时，要避开地（棚）头、地（棚）边以及肥料过于集中的地方。

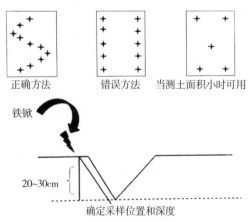

正确方法　　错误方法　　当测土面积小时可用

铁锨

20～30cm

确定采样位置和深度

▶ 图4-85　土壤取样位置和深度示意图

蔬菜生长过程中取土，垄栽蔬菜应注意小沟、株与株之间各占一定的比例；畦栽蔬菜取样方法同常规。蔬菜土壤酸化和盐害诊断土壤样品采集时，只采集垄背从地表开始向下 0～20cm 土层的土壤，其他原则同上。

④取样方法　每个采样点的采样量要均匀一致，土样上层与下层的比例要相同。蔬菜根系大都分布于 0～20cm 内，棚内取样时也应在此深度内进行。取样有专门的取样工具，为圆形空心管或铁锹，直接将其敲入土壤中一定深度，取出管内土壤即可。若无专用工具，也可挖一 20～30cm 深的土坑，一面铲成垂直或斜面，从垂直面或斜面自上而下铲取 2cm 厚、5cm 宽的条状土块为该点样品（图 4-86）。用于测定微量元素的样品应用不锈钢取土器或竹器采集，不要取紧贴铁锹的土壤，防止金属污染。

▶图 4-86　土壤取样

▶图 4-87　县级以上农业部门土壤肥料化验室

⑤取样数量　各点采集土壤样品 0.5～1kg，然后将所采集的各点的土壤样品都放在干净的塑料布（或没有污染的塑料编织袋）上。将采集的所有土样碾碎，充分混匀后，在塑料布上堆成圆锥形或正方形，采用四分法留取对角两份土壤样品，其余两份土壤弃去，然后再将保留的土壤继续用四分法留取两份土壤样品，直至样品量约为 1kg 左右，装入样品袋中，避免其他因素的干扰。

（2）检测　即土壤诊断，要在县级以上农业和科研部门的化验室（图 4-87）进行。当前的测土配方施肥技术中土壤检测方法主要分为两类，一类是仪器速测，另一类是化学检验。仪器速测所用的时间短，但化学检验所反映的结果更加准确。因此，为了能够准确反映出整个土壤的养分状况，采用化学检测更有优势。

目前土壤检测项目一共有十项内容，可概括为土壤有机质、酸碱度、全盐含量、土壤大量元素（氮、磷、钾）、中微量元素（钙、镁等）以及过量后对土壤及作物有害的元素（氯、钠）。土壤主要检测项目见表4-1。每一项都需要重复检测以保证结果更加准确。在对土壤进行"体检"时，只有了解并掌握不同检测项目的本质，才能够在养土、改土等方面做到有的放矢。

表4-1　土壤主要检测项目

土壤检测项目	结果	参考值	检测结果分析
土壤有机质		≥ 20.0g/kg	
土壤水解氮		150 ~ 200mg/kg	
土壤有效磷		80 ~ 120mg/kg	
土壤有效钾		250 ~ 400mg/kg	
土壤 pH		6.0 ~ 7.5	
土壤盐分		≤ 2.0g/kg	
土壤氯离子		≤ 200mg/kg	
土壤钠离子		≤ 100mg/kg	
土壤交换钙		3.0 ~ 4.0g/kg	
土壤交换镁		100 ~ 200mg/kg	

①土壤有机质　是土壤固相部分的重要组成成分。有机质的含量在不同土壤中差异较大，含量高的可达20%或30%以上，含量低的不足1%。而适合蔬菜栽培的土壤有机质的含量应保持在20%以上。有机质含量不够的土壤往往表现出透水透气性差、供肥能力弱、容易出现板结以及盐渍化。提高土壤有机质含量，通常采取加大粪肥投入的措施，如鲜鸡粪、猪粪、鸭粪以及稻壳粪、秸秆等。

②土壤酸碱度　土壤酸碱度影响着土壤的供肥能力和蔬菜的健康生长。多数的蔬菜喜欢中性土壤，即 pH 值在 6.5 ~ 7.5 之间的土壤。资料显示，土壤中的各种矿质营养在酸碱度为中性时有效性最高，土壤偏酸或偏碱都会影响一部分元素，尤其是微量元素的吸收。

酸性土壤中的磷酸易与铁、铝离子结合成不溶物而被固定，影响蔬菜对磷的吸收；钾、钙等元素易被过多的氢离子取代而淋失掉；另外，酸性土壤中铜、锌、锰、硼等微量元素溶解性增大，如果再增施微肥，有可能使蔬菜受害。

而在碱性土壤中，水溶性磷酸根又易与钙结合成难溶的磷酸钙，降低肥效；还易固定铁、锌等微量元素，使蔬菜发生缺铁症。

土壤pH值为6~8时，有效氮含量较高；pH值为6.5左右时，磷的有效性最高；pH值大于6时，土壤钾、钙、镁含量高；pH值为4.7~6.7时，硼的有效性高；pH值大于7时，硼可溶性明显降低。

③土壤中微量元素　蔬菜栽培中有一个很著名的理论——木桶效应（图4-88），它证明蔬菜的产量是由含量最少的养分决定的，也就是说在土壤中如果有一种必需的营养物质缺乏，即使其他的营养物质再大量补充也不会获得良好的产量。

土壤中的中微量元素由于吸收消耗以及来自其他养分的拮抗，常常在蔬菜上表现出缺乏的情况。因此，应在全面了解土壤中微量元素含量的状况下，及时补充缺乏的元素，同时合理使用其他大量元素。

④土壤大量元素　蔬菜生长期对氮、磷、钾的吸收量最大，适当投入氮、磷、钾增产效果明显。但大量元素也有弊端，在"大投入就有大产出"的不当思想指导下，过量使用氮、磷、钾肥料，使得土壤氮、磷、钾含量严重超标，所导致的直接后果是对土壤生态的破坏。适宜蔬菜栽培的氮、磷、钾含量分别为120~150mg/kg、80~120mg/kg、250~400mg/kg。

⑤土壤全盐　向土壤中持续投入大量肥料，土壤全盐含量必会达到一定范围，之后土壤便会有盐渍化的趋向。土壤全盐一方面可反映土壤矿质元素的含量情况，更重要的是能够判断土壤是否健康，是否适宜种植蔬菜。种植蔬菜土壤的全盐含量要控制在2g/kg以下。

⑥土壤有害物质　土壤中既包含各种矿质养分，也包含有害物质，比如氯、钠离子以及重金属离子，它们会对蔬菜产生危害，影响蔬菜生长，引发食品安全问题。而对于土壤来说，有害物质的增加主要是由施肥引发的，如使用一些不合格的肥料以及含有重金属的伪劣肥料，就会使土壤中有害物质增加，最终影响到蔬菜栽培（图4-89）。

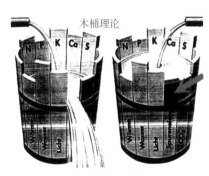

▶图4-88　木桶理论示意图

▶图4-89　施用不合格肥料或劣质肥料影响莴笋生长

⑦测定土壤有机质的过程（图4-90） 称取通过0.25目的筛子过筛的土壤0.5～1.0g，将其装入试管，再加入0.4mol/L重铬酸钾－硫酸溶液10mL，然后将其放入温度170～180℃的油锅中，待试管中液体沸腾、发生气泡时开始计时。煮沸5min，取出试管，冷却后，将试管内容物全部洗入250mL的三角瓶中，使瓶内物质总体积在60～70mL，保持其中硫酸浓度为1～1.5mol/L，此时溶液的颜色应为橙黄色或淡黄色。然后加邻菲罗啉指示剂3～4滴，用0.2mol/L的标准硫酸亚铁溶液滴定，溶液由黄色经过绿色、淡绿色突变为棕红色即为终点。在测定样品的同时须做两个空白试验，取其平均值，最后计算结果。

其他检测项目如有效磷、有效钾、氯离子、钠离子、钙离子、镁离子等采用同样的检测流程，只不过所用的检测试剂不同而已。

土壤化验要准确、及时。化验取得的数据要按农户填写化验单（图4-91），并登记造册，装入地力档案，输入计算机，建立土壤数据库。

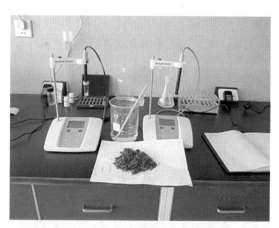

▶ 图4-90 对土壤有机质等进行检测

▶ 图4-91 填写并妥善保存土样检验报告

（3）配方 准确的取土及检测过程仅仅是完成了测土配方施肥整个过程的一半，更重要的是根据检测结果提出合理的施肥建议。由于蔬菜栽培种类丰富，不同的蔬菜品种所使用的肥料种类和用量也有差异，这就要求根据精准的检测结果提出合理的肥料施用建议。应据土壤测试得到的土壤养分状况、所要种植蔬菜预计要达到的产量（即目标产量）以及这种蔬菜的需肥规律，结合专家经验，计算出所需的肥料种类、用量、施用时期、施用方法等。

（4）配肥 根据配方，由肥料生产企业生产配方肥。所谓配方肥就是根据蔬菜不同的生长期对不同养分的需求、土壤供肥性能和肥料效应，以各种肥料为原料，采用掺混或造粒工艺制成适合特定区域或特定蔬菜的肥料。

（5）供肥　肥料经销商进行肥料供应，或由农业技术部门组织，直接将肥料供应到农户。

（6）施肥　农户在农业技术人员的指导下科学施肥。农业技术部门将配方制作成配方施肥卡提供给农户，农户按照配方施肥卡合理施用肥料。要掌握好施肥深度，控制好肥料与种子的距离，尽可能有效满足蔬菜苗期和生长发育中、后期对肥料的需要。用作追肥的肥料，更要"看天、看地、看蔬菜"，掌握追肥时机，提倡水施、深施，提高肥料利用率。

（7）监测　平衡施肥是一个动态管理的过程。使用配方肥料之后，要观察蔬菜生长发育情况，要看收成结果，做好分析、调查工作。在农业专家指导下，基层专业农业技术人员、农民技术员和农户相结合，进行田间监测，翔实记录，纳入地力管理档案，并及时反馈到专家和技术咨询系统，作为调整修订平衡施肥配方的重要依据。

（8）修订　按照测土得来的数据和田间监测的情况（图4-92），由农业专家组和专业农业科技咨询组共同分析研究，不断进行田间校验研究、土壤测试和田间营养诊断技术、肥料配方、数据处理与统计等方面的创新研究，及时修改、确定肥料配方，使平衡施肥的技术措施更具科学性。

▶ 图4-92　技术员在监测生物有机肥在田间的应用情况

▶ 图4-93　不合理施肥易导致水体污染

2. 测土配方施肥的效果

测土配方施肥可以在不增加肥料投入的情况下，通过肥料比例调整，实现增产增收，或者在增产或平产的前提下减少用量，降低生产成本，保障产品质量安全；可以减少肥料挥发和流失的浪费，提高肥料利用率 5%～10%，实现节本增效；可以减轻地下水硝酸盐积累和农田污染（图4-93），保护农业生态环境，协调养分、培肥地力，提高耕地综合生产能力。

三、施肥方法

1. 沟灌追肥

（1）沟灌追肥概念　蔬菜生长期中施用的肥料叫追肥，是在基肥的基础上采用速效性肥料、分期施用的。它可以补给蔬菜各个生育期对养分的需要。例如，大白菜就有提苗肥、团棵肥、包心肥、壮棵肥 4 次追肥。

（2）沟灌追肥方法　从施用方法上有开沟追肥（如尿素、碳铵等）和随水浇施（如氨水、人粪尿）等土壤施入法，还有根外喷施法（如磷酸二氢钾、过磷酸钙、尿素等）。土壤施肥是基本的方法，根外追肥是辅助的方法。

（3）沟灌追肥常见肥料种类　有尿素、碳铵、氨水、人粪尿、磷酸二氢钾、过磷酸钙等。

2. 滴灌追肥

（1）滴灌追肥概念　滴灌追肥是通过管道系统和滴头、滴灌带将肥水以小流量均匀、准确、直接地输送到作物根部，滴灌施肥是随着微灌技术发展起来的一项水肥一体化新技术，能方便地进行肥水同灌，同时满足蔬菜需水量和需肥量。

（2）滴灌追肥方法　通过水源、水泵、肥料灌、过滤器、压力表、调压阀、输水管道系统（包括干管、支管和滴灌带），在田间组合布置进行肥水同灌，实现追肥的目的（图4-94）。

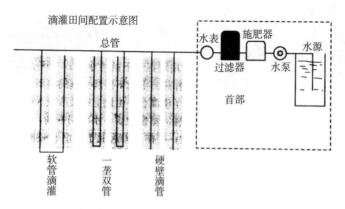

▶ 图4-94　滴灌施肥系统配置示意图

（3）注肥方法与设施　压差式施肥罐法，在单棚单井膜下滴灌施肥系统中广泛应用。

文丘里施肥器施肥法（图4-95），在各种灌溉施肥系统中普遍应用。泵注式施肥法（图4-96），多为示范园区现代化温室采用，常用的注射泵有水动和电动两种。

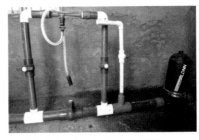

▶图4-95　文丘里施肥器安装图

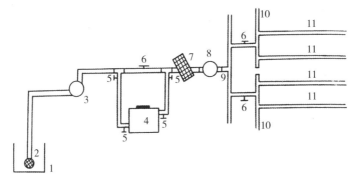

▶图4-96　泵注（压入）式滴管系统示意图

1—水源；2—过滤器；3—水泵；4—肥料桶；5—肥料阀；6—调节阀；
7—过滤器；8—压力表；9—主管；10—支管；11—滴灌管

（4）滴灌追肥常见肥料种类　滴灌施肥所用的化学肥料必须溶解度大、杂质含量低，两种或数种肥料混用时，应注意肥料匹配，防止产生沉淀，微量元素尽可能以螯合物的形式使用。

3. 叶面施肥

（1）叶面施肥概念　作物通过根系表面可以吸收土壤中或营养液中的营养，供给其生长和发育。同样，作物的茎、叶表面也可以吸收喷洒在其表面的营养。这种非根系吸收的营养就是作物的根外营养。向作物根系以外的营养体表面施用肥料的措施叫作叶面施肥，又叫根外施肥。用于叶面施肥的肥料称叶面肥。其实用于根部施肥的肥料与用于叶面施肥的肥料并没有严格的界限，凡是可以溶于水的肥料均可以用于叶面施肥，只不过施用浓度要严格掌握，肥料溶液过浓会灼伤叶片造成肥害（图4-97、图4-98）。

▶ 图4-97 复硝酚钠浓度过大对蕹菜的
影响

▶ 图4-98 豇豆苗叶面肥浓度加大一倍产生
的肥害

（2）叶面施肥常见肥料种类　叶面肥根据营养成分可分为简单叶面肥和多元素叶面肥。常用的简单叶面肥有尿素、磷酸二氢钾、硝酸钙、硫酸锌、硫酸锰、钼酸铵、硫酸亚铁等；多元素叶面肥可以是几种微量元素的相加，可以是几种大量、中量元素的相加，也可以是大量元素与中量、微量元素的相加。近年来利用动、植物下脚料经发酵或水解，添加一些营养元素的无机盐，制成含多种营养元素和简单有机物的多成分叶面肥，除可供给作物矿物质营养外，其中还有一些生长调节物质，兼有调节作用。

（3）叶面肥施用方法及特点　与根系施肥相比，通过叶片吸收营养比根系吸收营养迅速，见效快。叶面施肥是补充和调节作物营养的有效措施，特别是在逆境条件下，根部吸收机能受到阻碍，叶面施肥常能发挥特殊的效果。作物对微量营养元素的需求量少，在土壤中微量元素不是严重缺乏的情况下，通过叶面喷施常能满足作物的需要。然而，作物对氮、磷、钾等大量元素需求量大，叶面喷施只能提供少量养分，无法满足作物的需求。因此，为了满足作物所需的养分，还应以根部施肥为主，叶面施肥只能作为一种辅助措施。

4. 二氧化碳施肥

（1）塑料大棚内 CO_2 气体变化规律　大棚中的气体，由于不如温、湿度那样明显地影响蔬菜的生长发育，容易被人忽视。在密闭的情况下，大棚内 CO_2 的浓度，因管理方法不同，有时能降到 0.007%，影响蔬菜的生长发育。CO_2 是绿色蔬菜进行光合作用制造有机营养物质的主要原料，CO_2 浓度是大棚生产的重要限制因子。增施 CO_2 肥可提高大棚内蔬菜对太阳光能的利用率，是大棚蔬菜优质、高产、高效的一项有效措施。一般而言，露地空气中 CO_2 浓度一般为 0.03%。大棚小气候中 CO_2 的昼夜变化规律与空气相对湿度一致，大棚内夜间蔬菜作物和微生物呼吸作用、土壤有机物发酵分解释放出大量的 CO_2，其浓度高于自然界，可达 0.05%～0.06%，甚至更高。日出后，蔬菜进行光合作用，棚内 CO_2 浓度急剧下降，常常低于露地，有时会降到 0.01%，甚至更低。CO_2 浓度的日变化与大棚容积大小有关，随着大棚容积的增大，最低浓度出现的时间推迟。当温度升高大棚开始放风后，棚内 CO_2 得到露地空气的补充，浓度开始上升，逐渐接近露地 CO_2 浓度水平。

（2）增加 CO_2 浓度常用的方法

①增施有机肥料　有机肥经微生物的分解可释放出 CO_2 气体。

②通风换气　晴天日出后，大棚内温度升高时及时进行通风换气，可使大气中 CO_2 气体补充入大棚内。

③人工增施 CO_2

a．施肥时期　苗期一般不进行 CO_2 施肥。茄果类、瓜类等果菜类蔬菜，从雌花着生、开花结果初期开始喷施，能有效地促进果实肥大。除阴雨天外，可连续使用至采收盛期。

b．施肥浓度　大多数蔬菜适宜的 CO_2 浓度为 0.08%～0.12%。南方应用较多的 CO_2 浓度为：茄子、辣椒、草莓等，晴天 0.075%，阴天 0.055%；番茄、黄瓜、西葫芦等，晴天 0.1%，阴天 0.075%。

c．施肥时间　一般在日出 1h 后开始施用，停止施用时间应根据温度管理及通风换气情况而定，一般在棚温上升至 30℃ 左右、通风换气之前 1～2h 停止施用。中午强光下蔬菜大都有"午休"现象，而晚上没有光合作用，不需进行 CO_2 施肥。阴天、雨雪天气，一般也不必施用。

d．施肥方法 CO_2 施肥方法有多种，包括钢瓶法、燃烧法、干冰法、化学反应法、颗粒法等。

（a）钢瓶法　是利用乙醇等工业的副产品产气，利用钢瓶盛装，直接在棚室内施放。优点是施放方便，气量足，效果快，易控制用量和时间；缺点是气源难，搬运不便，成本高。

（b）燃烧法　是通过燃烧白煤油、液化石油气、天然气、沼气等产生 CO_2 气体。优点是 CO_2 纯净，产气时间长；缺点是易引起有毒气体危害，成本高，还要加强防火意识。

（c）干冰法　是利用固体的 CO_2（俗称干冰），在常温下升华变成气态 CO_2。运输时需要保温设备，使用时不要直接接触。

（d）化学反应法（图4-99）　是通过酸和碳酸氢铵进行化学反应产生 CO_2 气体。这种方法贮运方便，操作简单，经济实用，安全卫生，价格低廉，对环境污染小。其具体操作方法是：先将 98%工业浓硫酸按 1∶3 比例稀释，放入塑料桶内，每桶每次放 0.5～0.75kg，每亩棚室内均匀悬挂 35～40 个桶，高于作物上层，每天在每个容器中加入碳酸氢铵 90～100g，

即可产生 CO_2。

目前，国外多利用大型固定装置燃烧天然气、丙烷、石蜡、白煤油等，来产生 CO_2 气体，我国南方多采用化学反应法。

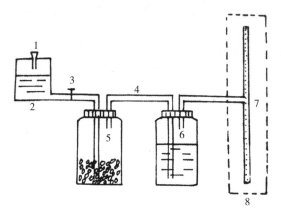

▶ 图 4-99　硫酸碳铵法制二氧化碳发生器示意图

1—漏斗；2—盛酸桶；3—开关；4—导管；5—反应瓶（盛碳铵）；6—过滤瓶（盛清水）；7—散气管；8—保护地

此外，还可采取菇菜间套种，使食用菌分解纤维素、半纤维素，释放出蔬菜所需要的 CO_2 和热能。采用畜菜、禽菜同棚生产，畜禽新陈代谢为蔬菜增加 CO_2 和热能。目前，在山东等地大力推广秸秆生物反应堆技术，为大棚蔬菜提供 CO_2，效果非常好。

第六节

大棚蔬菜植株调整

植株调整的作用包括平衡营养生长与生殖生长、地上部与地下部生长；协调植株发育，改变发育进程，促进产品器官形成与膨大；改变田间蔬菜群体结构的生态环境，使之通风透光，降低田间湿度，减少机械伤害和病、虫、草害的发生；促进植株器官的新陈代谢，获得优质、丰产。

植株调整主要包括整枝、摘心、打杈、摘叶、束叶、疏花疏果和保花保果、支架、压蔓、盘条等。

一、整枝、摘心、打杈

整枝、打杈和摘心是调整果菜类蔬菜结果枝数、结果数的重要技术，主要用于茄果类、瓜类和豆类蔬菜。

1. 整枝

整枝是根据蔬菜作物生长特性和栽植密度，剪去部分枝（蔓），并将留下的枝（蔓）引到一定位置的一项植株调整技术（图4-100）。其主要作用是通过剪去部分枝（蔓），减少养分消耗，控制植株生长，改善通风透光条件，提高光合效能，促进光合产物向产品器官运输，控制和减少病虫害的发生和蔓延，促进蔬菜高产优质。整枝是果菜类蔬菜作物常用的植株调整技术之一。

（1）番茄整枝方式 整枝的形式依栽培要求和品种类型而异，进行早熟栽培时，自封顶类型番茄和无限生长类型番茄均采用单干整枝，自封顶品种进行高产栽培和无限生长番茄幼苗短缺稀植时可用双干整枝、改良式单干整枝或换头整枝等（图4-101）。

①单干整枝 番茄整枝最基本的整枝形式是单干整枝（图4-102），即只留1条主茎结果，其余侧枝、侧芽都除掉，主干也在具有一定果穗数时摘心（即打尖）。这一整枝方式的优点是植株养分集中，开花结果较早，第一穗果成熟早、上市早，适于密

▶图4-100 菜农整去丝瓜的部分分枝

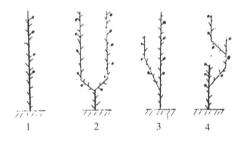

▶图4-101 番茄的整枝方式

1—单干式；2—双干式；3——干半整枝；4—单干换头整枝

▶图4-102 番茄单干整枝效果图

植、早熟栽培或生长季节较短的地区采用；缺点是在大棚中随植株上长，结果部位上移，当第八至第十花序开放时株高已达 2.5m，触及棚膜，不便管理，每亩用苗数多，用种量较大。单干整枝法可在留 4～8 穗果实后，在最后一穗果上面留 2 片叶留心。

②双干整枝　在单干整枝的基础上，除留主干外，再留一条侧枝作为第二主干结果枝，故称"双干"，将其他侧枝及双干上的再生枝全部摘除。第二主干一般应选留第一花序下的第一侧枝。双干整枝的双干管理即所留第二个结果枝的管理，分别与单干整枝法的管理相同。此种整枝方式具有促使根群发达，生长势旺，栽培株数少，省苗、省工等特点，可以增加单株结果数，提高单株产量，但早期产量和总产量以及单果重量均不及单干整枝，适用于土壤肥力水平较高的地块和植株生长势较强的品种，双干整枝用种量可比单干整枝减少一半。

③改良式单干整枝　又称一干半整枝法。对主干单干式整枝的同时，保留第一花序下面的第一个侧枝，待其结 1～2 穗果后留 2 片叶摘心。该整枝法兼有单干整枝法和双干整枝法的优点。

④换头整枝　即主干结 3～4 穗果后，上留 2～3 片叶打顶，当上部花序坐稳后选留上部一强壮侧枝代替主枝继续结果，侧枝留足果穗数后再进行打顶，如此反复。一般换 2 次头，结 1 次秧，结 9～12 穗果实。

⑤连续摘心整枝　当主干第二花序开花后留 2 片叶摘心，留下紧靠第一花序下面的 1 个侧枝，其余侧枝全部摘除，第一侧枝第二花序开花后用同样的方法摘心，留下 1 个侧枝，如此摘心 5 次，共留 5 个结果枝，可结 10 穗果。每次摘心后，要扭枝，使果枝向外开张 80°～90° 角，以后随着果实膨大、重量增加，结果枝逐渐下沉。通过多次摘心和人为的扭枝可降低植株高度，有利于养分的集中运输，但扭枝后植株开张度大，需减少密度，靠单株果穗多、果实大来增加产量。

整枝过程中注意：对于病毒病的植株应单独进行整枝，避免人为传播病害；整枝应该先健枝后病枝，经常用水洗手；植株上不作结果枝的侧枝不宜过早打掉，应留两片叶制造养分；打杈、摘心应在晴天下午进行，忌雨天或水未干时进行；结束整枝应进行绑蔓及植株矫正，及时摘除老叶、病叶及无效叶。

（2）西瓜整枝方法　西瓜整枝方式有单蔓式、双蔓式、三蔓式和多蔓式。

①单蔓整枝　即只保留一条主蔓，其余侧蔓全部摘除。一般在定植后 25～30d，蔓长 40～50cm 时，只留主蔓，所有子蔓都摘除。一般在立式栽培或密植栽培时采用，每株在第二雌花节位留 1 个瓜。由于西瓜长势旺盛，又无侧蔓备用，因此不易坐果，要求技术性强。采用单蔓整枝，通常果实稍

小，坐果率不高，但成熟较早。该整枝方式适用于长势中等的早中熟品种和进行早熟密植栽培。

②双蔓整枝　即保留主蔓和主蔓基部一条健壮侧蔓，其余侧蔓及早摘除。一般在主蔓第 3～5 节上选留 1 条健壮侧蔓，其余侧蔓全部摘除。坐住瓜后，如果茎叶生长仍较旺盛，相互遮阴严重，还要打掉多余侧枝。此外，在瓜上留一定叶片后摘心，侧蔓长势较旺时也进行摘心。当株距较小、行距较大时，主、侧蔓可以向相反的方向生长；若株距较大、行距较小时，则以双蔓同向生长为宜。该方式管理简便，适于密植，坐果率高，在早熟栽培或土壤比较瘠薄的地块较多采用。

③三蔓整枝　即除保留主蔓外，还要在主蔓基部选留 2 条生长健壮、生长势基本相同的侧蔓，其他的侧蔓予以摘除。留 2～3 个瓜，坐果后一般不再整枝。

④多蔓整枝　除保留主蔓外，还选留 3 条以上的侧蔓，称为多蔓整枝。采用多蔓式整枝，一般表现为结瓜多、瓜个大，但由于管理费工、不便密植，在生产上已很少采用。

以上是在保留主蔓情况下的整枝方法，对于生长势强、不易坐果的大果型品种，常在 6 叶期摘顶，以控制植株生长势，其后保留 3～4 条侧枝，利于侧蔓结果，由于侧蔓生长势均衡可同时结 2～3 个果，特大型品种一次通常只留 1 个果。

西瓜整枝应注意以下几点：一是整枝方式的选择应与种植密度结合起来，通常早熟密植栽培采用单蔓和双蔓整枝，以增加早期果数，提高早期产量，而露地稀植时应使蔓数增加；二是整枝强度应适当，一般提倡适度轻整枝，在具体操作时视植株长势及田间叶面积灵活掌握，全田植株不强求统一；三是适时整枝、分次整枝，整枝过早影响根系生长，整枝过晚达不到控制生长的目的，一般当主蔓长 40～50cm、侧蔓约 15cm 时开始，以后隔 3～5d 一次，共 3～4 次；四是坐果后一般不再整枝。

（3）甜瓜整枝方法　由于甜瓜茎蔓分枝性极强，如整枝不及时将导致营养生长与生殖生长、地下部生长与地上部生长的失衡，严重影响产量和质量，有时还会导致果实生育期进入雨季，影响甜瓜风味。

① 双蔓式整枝（图 4-103）　双蔓式整枝是薄皮甜瓜露地栽培中最常用的一种整枝方式，适用于以孙蔓结瓜为主、以子蔓结瓜为辅的中、晚熟品种。在植株长有 4～5 片真叶时，对主蔓留 2 叶摘心，选留 2 条健壮的子蔓，待两子蔓长至 20～30cm、有 8～10 叶时摘心，选留子蔓中、上部发生的孙蔓在 2～3 叶时摘心。经理蔓之后一般不再整枝，利用子蔓和孙蔓结瓜。

② 三蔓式整枝（图 4-404）　多用于着地栽培的大棚薄皮甜瓜，适用于以孙蔓结果的品种。主蔓 5～6 叶时摘心，选留健壮子蔓 3 条，子蔓 6～8

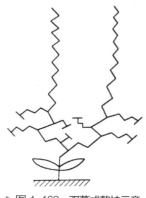

▶图4-103 双蔓式整枝示意

叶时摘心，孙蔓于雌花前 2～3 叶摘心，根据植株长势可酌情疏除不结果孙蔓，每株留 50 片叶左右。

③ 四蔓式整枝（图 4-105） 适用于以孙蔓结果为主的甜瓜品种。在甜瓜幼苗长至 4～5 片真叶时，对主蔓摘心，留 2 条发育最好的子蔓，子蔓长有 4～5 叶时各选留 2 条孙蔓，使全株发出 4 条孙蔓结瓜。有的也采用留 4 条子蔓的方式进行整枝，以子蔓结瓜。

④ 十二蔓式整枝（图 4-106） 为小拱棚栽培薄皮甜瓜的一种特殊方式。主蔓 8～9 叶时留 8 叶摘心，在基部留 4 条子蔓，子蔓 5 叶时，留 3～4 叶摘心，每条子蔓的三条孙蔓分别留 3、2、1 叶摘心，每株留 8～10 瓜，使植株呈"倒锅"形，这种方式可促进早熟，但易导致植株早衰。

▶图4-104　三蔓式整枝示意　　▶图4-105　四蔓式整枝示意　　▶图4-106　十二蔓式整枝示意

此外，还有六蔓式、八蔓式、十蔓式等整枝方式用于薄皮甜瓜露地栽培中，但由于对植株整枝过度，易造成植株早衰和病害发生，且工作量大，生产上应用很少。

甜瓜整枝应在晴天中午进行，早晨有露水及阴雨天不宜整枝；整枝摘除的枝叶应当尽快运出田间，以防止病害传播。

（4）辣椒　适合辣椒的整枝方法比较少，常见的主要有三干整枝、四干整枝、不规则整枝等几种（图4-107）。

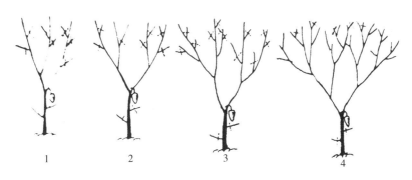

▶图4-107　辣椒整枝法
1—三干整枝法；2—四干整枝法；3—多干整枝法；4—不规则整枝法

①三干整枝法　门椒下的侧枝全部抹掉（图4-108）。四门斗椒坐果后，将粗壮一级分枝上的两个二级分枝和细弱一级分枝上长出的侧枝，按留强去弱原则，保留强分枝结果，构成三条结果枝干。该法适于较大果型品种的高产优质栽培。其优点为营养供应比较集中，有利于果实发育，商品果率高；单株的株型小，适合密植，利于提高早期产量。缺点是整枝麻烦，用苗量大等。

▶图4-108　门椒下的侧枝全部抹掉

②四干整枝法　也叫双杈整枝法。门椒下的侧枝全部抹掉。四门椒上长出的4对分枝，各保留其中的一条粗壮侧枝作为结果枝开花结果，另一条侧枝抹掉，保留四根枝干。该法适于大多数甜椒类和牛角椒类品种高产优质栽培。优点是植株根系发达，生长期长，高产；植株营养集中供应，有利于果实发育，商品果率高；单株的株型大小适中，兼顾了早期产量和总产量。缺点是单株留枝较多，通风透光较差；种植密度小，早期产量偏低。

③多干整枝法　门椒下的侧枝全部抹掉。四门椒上长出的8条分枝，保留5~6条健壮的三级侧枝作为结果枝，其余侧枝抹掉。该法适于多数羊角椒类品种和牛角椒类品种。优点是植株保留茎叶较多，根系发达、结果期

▶图4-109　茄子开花结果习性

1—门茄；2—对茄；3—四母斗；4—八面风

长，高产；植株营养集中供应，有利于果实发育，商品果率高；单株的株型大小适中，兼顾了早期产量和总产量。缺点是单株留枝较多，株内通风透光较差，种植密度小，早期产量偏低。

④不规则整枝法　侧枝长到15cm左右长后，将门椒下的侧枝打掉。结果中后期，根据田间的封垄情况以及植株的结果情况，对过于密集处的侧枝进行适当疏枝。该法适于羊角椒类品种、其他类型品种的早熟栽培以及露地粗放栽培。优点是管理比较省事，植株根系发达，生长期长，有利于高产，种植密度小，用苗少，省种。缺点是植株留枝较多，营养供应分散，结果能力差，上部果实发育不良，商品果率低，通风透光不良，易于发病，种植密度小，早期产量低。

（5）茄子整枝　由于茄子的枝条生长及开花结果习性相当规则（图4-109），在露地栽培中，一般不行整枝，即使整枝，也只把门茄以下靠近根部附近的几个侧枝除去。在保护地栽培中常见的有单干整枝、双干整枝、三干整枝、四干整枝等几种方法。

①单干整枝（图4-110）　将门茄下的侧枝全部抹掉，门茄上长出的一级分枝，保留其中的一条粗壮侧枝作为结果枝，另一条侧枝上结果后，在果前留1~2叶摘心。采用该法种植密度大，早期结果多，产量高。但植株容易发生早衰，用苗量大，用种多，育苗比较麻烦。

②双干整枝（图4-111）　双干整枝是在茄子第一次分权时，保留2个分枝同时生长，以后每次分枝时只保留1个分枝，而及时抹除多余萌芽，使植株整个生长期保留2个结果枝。当茄秧长到1m时要插杆搭架，防止倒伏。为改善茄子通风透光的条件，应摘除第一花朵以下的侧枝。当门茄、对茄收获以后，基部叶片影响通风透光，应打去黄叶、老叶以减轻病害发生。采用该法植株的株型比较小，适合密植，早期产量高，植株的营养供应比较集中，

▶图4-110　茄子单干整枝示意图

有利于果实发育，果实的质量好，商品果率高。但用苗比较多，育苗工作量比较大。植株的根系扩展范围小，植株容易早衰。

▶ 图4-111　茄子双干整枝示意图

▶ 图4-112　茄子三干整枝示意图

③三干整枝（图4-112）　该法是在双干整枝的基础上，将粗壮一级分枝上的两个二级分枝也保留下来进行开花结果，两条二级分枝与一条一级分枝构成三条结果枝干。三条枝干上再长出的分枝，选留其中粗壮的一条侧枝进行结果，其余侧枝随长出随打掉。采用该法植株的营养供应比较集中，有利于果实发育，商品果率高，单株的株型小，适合密植，有利于提高早期产量。但整枝比较麻烦，用苗量大。

④四干整枝　又叫双权整枝法。以四条二级分枝为骨干枝，各枝干上再长出的侧枝，选留其中的一条粗壮枝开花结果，其余的打掉。采用该法植株根系发达，生长期长，有利于高产，植株营养集中供应，有利于果实发育，商品果率高；单株的株型大小适中，兼顾了早期产量和总产量。但单株留枝较多，株内通风透光较差，种植密度小，早期产量偏低。四干整枝要求稀植，水肥条件充足，后期也要进行枝条固定，搭架栽培。

⑤换头整枝　换头就是对茄坐住以后，在果实上方留2~3片叶子，去掉主干生长点，保留下部1个侧枝，侧枝第一个果实坐住后，依然保留2~3片叶子摘心，使其下面的侧枝萌发。依次类推，直到茄子生长结束。当茄秧长到1m时要插杆搭架，防止倒伏。为改善茄子通风透光的条件，应及时摘除多余的侧枝。采用换头整枝的方式，茄子的大小一致，颜色黑亮，可以提高茄子的整齐度和商品性，增加茄子的产值。嫁接茄子植株生长旺盛，采用换头整枝效果比较好。

（6）冬瓜整枝　地冬瓜在伸蔓后进行整枝，一般采取二蔓或三蔓整枝，即除主蔓以外，再在主蔓上留一条或两条子蔓，其余侧枝全部摘除。

架冬瓜在抽蔓时搭棚或插架，棚架搭好后引蔓上架，上架前先盘蔓。上架后必须绑蔓，见第一雌花时进行第一次绑蔓，见第二雌花时进行第二或第三次绑蔓，并使瓜着生在立杆与横杆的交叉处，以便于吊瓜。绑蔓的同时，仔细打杈，将主蔓上的所有杈蔓及时除掉。

设施栽培冬瓜采用吊绳或支"人"字形架的方式。整枝的方法是在主蔓上每坐住一个瓜，即在后一节留一个侧蔓，侧蔓长到7～10节时摘心。若主蔓上的瓜化掉，也可在后一节侧蔓上再留瓜，同时摘除多余的侧蔓、腋芽、卷须等。

（7）黄瓜整枝　在大棚温室栽培黄瓜，一般一年种植2茬。

①普通长黄瓜的整枝　从6～8节开始在主蔓留瓜，根据长势情况每节或每2节留1个瓜；主蔓在超过生长架时留1个叶片在生长架上部，然后摘心打顶，留2～3个一级侧枝继续生长，侧枝在超过生长架后牵引其向下生长，等侧枝长到离地面1m左右时，再摘侧枝的顶芽，在一级侧枝的基部留二级侧枝继续生长，其余依此类推。此种方法称为"伞形"整枝技术。

②水果型短黄瓜的整枝　主蔓上每节有2～3朵雌花，节成性很强，一般从基部开始留瓜，但最好从第四节开始留瓜。对于侧枝生长势较强的品种，从第四节开始侧枝也可以留1～2个瓜后再整枝，等长到生长架时，可采取长黄瓜一样的整枝方法。

③侧枝生长较弱或基本无侧枝黄瓜的整枝　主要采用单干（蔓）整枝，主蔓在第5节开始留瓜，每节留1～2个瓜，当主蔓接近生长架后，采取在超过生长架后牵引主蔓下行的方法，使其继续结瓜。也可以采用双干整枝，主要用于夏季栽培，双干整枝可以增加密度，充分利用夏季光能资源，用种量节省一半，其产量基本等同于单干整枝，但要注意采用双干整枝后的氮、磷营养供应要增加，否则在坐果后期，即开始收获前1～8d可能会出现氮、磷严重匮缺的情况。

2. 摘心

摘心是指除去生长枝梢的顶芽，又叫"打尖"或"打顶"，是将植株的茎尖和生长点摘去的植株调整技术，可抑制生长，促进花芽分化，是调节营养生长和生殖生长的关键。摘心的主要作用是抑制植株营养生长，抑制顶端优势，促进侧枝生长，使养分集中向果实输送；延迟叶片衰老，提高光合效能，促进花果生长。摘心是调节植株体内营养物质分配的重要手段。如对无限生长的茄果类和瓜类蔬菜，在栽培的后期，按照栽培的目的与实际的生长条件和生产水平，在保持植株有一定数量的果实和相应的枝叶后，即可将其顶芽去除，确保已有果实在生长期内达到成熟标准。对于搭架栽培的果菜，为了抑制营养生长，除掉顶端生长点的作业，又称"打顶"或"闷尖"。

（1）番茄摘心方法（图4-113）　当番茄植株长到原预定的果穗数时，就应该摘心，使其不继续向上生长，把营养和水分集中在果实膨大和生长上；自封顶生长类型的品种不必摘心。适时适当摘心可控制番茄植株高度，协调营养生长和生殖生长的关系，提高坐果率，促进果实发育和成熟，提高果实品质。摘心应在花序上边留2～3片叶，既有利于果实生长，又可防止果实直接暴露在阳光下造成日灼。摘心后更易发生侧枝，应注意及时打杈。

▶图4-113 番茄摘心示意图

（2）茄子摘心方法　在茄子长至"八面风"时，摘去各枝条的生长点，并留下"八面风"茄子下的一个腋芽，使其成为主枝，同时去掉所有腋芽。当主枝生长2个果时，再摘心，再把最上位果实下留1个腋芽。

（3）西瓜摘心方法　西瓜坐瓜前及时抹去各条蔓上的幼芽，进入膨大期应及时摘心打杈。如瓜秧长势旺，可在瓜前留8～10片叶打顶。当瓜蔓满地后，摘除全部生长点。

（4）瓠瓜摘心方法　瓠瓜主蔓结瓜晚，以侧蔓结瓜为主，侧蔓1～2节即可结瓜，主蔓长至10～11叶时要及时摘心，保留最上部一条子蔓的顶心，令其代替主蔓生长，主蔓6节以下的侧蔓及时剪除，其余子蔓可留1～2个健壮硕大的雌花，并在花前留1～2叶摘心，以后再将抽生的孙蔓如此法摘心，每蔓留瓜1～2个，及时摘掉畸形瓜和无商品性瓜，以每株同时结2条瓜较好。集中整枝后可用有机蔬菜准用的保护性农药喷雾，防止伤口感染。

（5）丝瓜密植摘心方法　主要应用于大棚栽培，达到提早上市的目的。选用适宜的早熟品种，地膜覆盖栽培，每亩栽2000～2500株。及时引蔓上架，主蔓上初见幼瓜时，及时在幼瓜以上留3～4叶打顶，以换新蔓上架，并打掉侧枝。在新蔓又产生雌花开花坐果时，仍按以上办法打顶摘心，持续进行。当新蔓上架到棚顶时，可及时摘除基部老叶，回蔓70%于地面，再绑蔓上架。

（6）丝瓜络摘心方法　丝瓜络（图4-114）通过多次摘心留蔓技术，可实现三次坐果结瓜、春连秋栽培，达到高产丰收的目的。

①第一次摘心留蔓　丝瓜一般于6月初旬开始开花结实。雌花开放后，采用人工辅助授粉促进坐

▶图4-114 丝瓜络

果，待出现 2 ~ 3 个瓜蕾摘心，摘除全部雄花，随后还要不断地进行整枝挖芽和去除雄花。在主藤尖端的两个叶腋里，各留 1 个副蔓，其余的侧枝和赘芽要随时整除。开花后 5 ~ 6d 定瓜，壮藤留 2 个，一般藤留 1 个，弱藤不留瓜。选留优质瓜实要视幼瓜上下匀称，瓜条直，瓜柄粗壮不细长。

②第二次摘心留蔓　一个月后，2 个副蔓进入营养生长高峰，副蔓 10 片左右叶时，又会现蕾，应及时摘心、去雄，在 2 个副头最前的一个叶腋里各留 1 个支蔓，其余支蔓全摘去，幼瓜 20 ~ 25cm 时定瓜，每个副头只留 1 个瓜。

③第三次摘心　进入 8 月初，副蔓上留下的 2 个支蔓又迅速生长，控制每个支蔓只留 1 个瓜，其余去掉，加强病害防治，及时采收前面已成熟的瓜。

3. 打杈

打杈（图 4-115）是摘除侧枝（蔓）或腋芽的植株调整技术，是使植株在具有足够的功能叶时，为减少养分消耗，清掉多余分枝的措施。侧枝（蔓）的过度生长会影响植株的通风透光，消耗大量养分，影响花果的生长，因此打杈是果菜类蔬菜的重要整枝技术。打杈可以改善植株通风透光条件，减少营养物质的消耗，促使营养物质向花果方向输送，保证留下来的所有结果枝正常生长和开花结果，可以大大提高果菜类蔬菜的产量和品质。

蔬菜植株进行打杈时，除选留的主枝或侧枝外，当其余侧枝长到 1 ~ 2cm 时就应及时去掉。植株生长势弱时，某些侧枝可以在 5cm 长时留 1 ~ 2 片叶打顶，以增大植株光合面积，促进根系及植株的正常发育。打杈时用手从侧枝基部将其抹去，不能用指甲掐，以免传病。打杈应选在晴天，不要在雨天或露水未干时进行，以免伤口感染病害。

（1）西葫芦打杈方法　以主蔓结瓜为主，因而应保持主蔓生长优势，尽早打杈，抹去侧芽（图 4-116）。

▶图 4-115　菜农对苦瓜进行打杈作业

▶图 4-116　西葫芦打杈效果图

（2）西瓜、甜瓜打杈方法　整枝必须配合打杈，及时除去无用的侧蔓。西瓜坐瓜前及时抹去各条蔓上的侧芽，进入膨大期应及时打杈。

（3）辣椒打杈方法　绝大部分品种都有在第一个分叉着生第一个果、在果以下基部位置着生侧芽长成侧枝的习性，如果不及时摘除侧芽会造成植株低节位枝条过多，有碍植株向上生长和通风透光，耗费养分。因此门椒下的侧枝应及早全部抹掉。整枝在晴天上午进行。

抹杈不要太早，利用侧枝诱使根系扩展，扩大根群。待侧枝长到10~15cm长时开始抹杈（图4-117）。要从侧枝基部1cm左右处将侧枝剪掉，留下部分短茬保护枝干。不要紧贴枝干将侧枝抹掉，避免伤口染病后，直接感染枝干。同时，也避免在枝干上留下一个大的疤痕。要用剪刀或快刀将侧枝从枝干上剪掉或割掉，不要硬折硬劈，避免伤口过大或拉伤茎干表皮。抹杈时的动作要轻，不要拉断枝条，也不要碰断枝条，或损伤叶片。辣椒的侧枝生长较快，要勤抹杈，一般每3d左右抹杈一次。

▶图4-117　菜农在辣椒适宜抹杈时期进行抹杈作业　　▶图4-118　大棚番茄打杈效果图

（4）番茄打杈方法　番茄侧芽的萌发力很强，除应保留的侧枝以外，其余侧枝应全部摘除（图4-118）。打杈应掌握适宜时期。第一次打杈不宜过早，应待侧枝长到8~10cm时开始分期分批去除。以后打杈，原则上"见杈就打"，但对有些生长势弱，或叶片数量少的品种，应待侧枝长到3~6cm长时，分期、分批摘除，必要时在侧枝上留1~2片叶摘心。自封顶品种封顶后，上部叶量少，顶部所发侧枝可摘花留心。

在整枝打杈时，要注意手和剪枝工具的消毒处理。当发现有病毒病株时，应先进行无病株的整枝打杈，然后进行病株的整理，尤其要注意手和工具的消毒。消毒可用75%的乙醇溶液。

（5）茄子打杈方法　茄子整枝不宜过早，应通过适当晚整枝，诱导根系向土壤深层扩展。一般一级分枝下的侧枝，应在侧枝长到15cm左右时抹掉

▶ 图4-119　茄子打杈适期

为宜，以后的各级侧枝也应在分枝长到10～15cm长时打掉（图4-119）。应选晴暖天上午抹杈，不要在阴天以及傍晚抹杈。抹杈时要从侧枝基部1cm左右远处将侧枝抹掉，留下部分短茬保护枝干。不要紧贴枝干将侧枝抹掉，要用剪刀或快刀将侧枝从枝干上剪掉或割掉。茄子的侧枝生长较快，一般每3d左右抹杈一次。抹杈后，最好于叶面喷洒一次保护性药剂。抹掉的侧枝应运出田外集中处理，不宜留在田间。

二、摘叶、束叶

1. 摘叶

摘叶是指摘除老叶和病叶的措施。蔬菜生产中常需摘除衰老叶、病叶，同时摘除植株下部衰老叶、病叶有改善通风透光、控制和减少病虫害发生和蔓延的作用。各种蔬菜下部的黄叶、病叶均应及时摘除。番茄、黄瓜结果枝蔓上果实采摘后，或因发生病害、虫害，下部叶片黄化干枯，失去光合机能，影响通风透光，可将黄叶、重病叶和虫害叶打去，深埋或烧掉。但摘叶必须合理，只要叶片大部分呈绿色，能进行光合作用，不过度密蔽，就不要摘掉。

2. 束叶

束叶是指将靠近产品器官周围的叶片尖端聚集在一起的作业。常用于花球类和叶球类蔬菜生产中，可有效地提高上述蔬菜产品的商品性。束叶可防止阳光对花球表面的暴晒，保持花球表面的色泽与质地；束叶还具有防寒和改善植株间通风透光条件的作用，但束叶不宜进行过早，否则会影响光合作用。束叶是大白菜和花椰菜栽培中的一项植株调整技术，在两种蔬菜的栽培中常用谷草和绳子将外叶束住。

大白菜秋冬栽培在结球末期气温已明显下降，光合作用已很微弱，叶球已基本长成，但只要温度在0～5℃，外叶中的营养物质就会不断地向球叶运转，因此宜采取束叶（俗称"捆菜"）措施，提高土壤温度，促进外叶养分转移到叶球、充实增重。此外，"捆菜"还具有防止叶球受冻、便于收获搬运等优点。大白菜在早霜到来时进行束叶，具体做法是在收获前 10d 左右，扶起外叶，包裹叶球，用浸软的麦秆、稻秆或甘薯蔓等材料将叶球上部束缚住（图 4-120）。但束叶后外叶光合效率大大降低，不利于叶球的充实，更不能达到促进结球的目的，所以，束叶不宜过早。

▶ 图 4-120　大白菜束叶　　　　　　　　▶ 图 4-121　花椰菜折叶护花球

　　在花椰菜花球形成后期，受强光照射后花球会变黄、老化，品质下降。因此一般在花球直径 10cm 左右时，将近花球的两三片外叶束住，可以防日晒，使花球保持白色、鲜嫩。但由于叶片全被束缚，影响光合作用的进行，不利花球继续生长，同时也费工，还需准备稻草等材料，所以此种技术应用不多，主要在寒冷地区采用。露地栽培宜采用束叶方法。

　　在生产上，保护花椰菜花球一般采用折叶盖花法，此法又分两种操作方式：一种是折断一片外叶，盖在花球上遮阴，采用这种方法遇高温多雨天时，盖在花球上的叶片很容易腐烂沾污在花球上，所以盖几天后还要换一片叶覆盖，比较麻烦，春季多低温阴雨且湿度大，因此不能将叶直接盖在花球上，盖叶与花球间应有 1～2cm 的间隙；另一种是当花球长至直径 3cm 大小时可将靠近花球的 1～2 片外叶轻轻折弯，搭盖在花球上（图 4-121）。由于叶柄未全折断，还可吸收少量水分，几天内叶片一直处于萎蔫状态，不会很快腐烂污染花球。

三、疏花疏果和保花保果

1. 疏花疏果

　　有些蔬菜每一枝蔓或每一花序着花太多（图 4-122），对于鲜食类型蔬菜，要求果型较大，如果坐果太多，会因养分不足而使单果重下降、品质降低、畸形果增多，因此，必须进行疏花疏果（图 4-123）。

▶图4-122 丝瓜雄花过多消耗营养,应疏掉大部分

▶图4-123 草莓挂果过多应适当疏果

▶图4-124 去掉马铃薯花有利于块茎膨大

　　合理适当的疏花疏果可以保证植株有一定结果数量,避免因结果数过多而引起营养不足,同时加快果实膨大,增加单果重,提高果实的整齐度,改善品质,提高商品性。大蒜、马铃薯(图4-124)、莲藕、百合、凉薯等蔬菜,在生长期间摘除全部或一定数量的花蕾,有利于地下块根、块茎的肥大。番茄、西瓜,摘掉部分有病或畸形的果实,可促进留存果实充分发育膨大。

疏花与疏果的作用基本相同，但其意义则有所不同。除去一朵花，对促进营养生长有一定作用，但对于一个幼果来说，因为其已经完成受精过程，将其除去对植株生长的促进作用比去除一朵花作用更大。

▶图4-125　去掉番茄病果或畸形果有利于其他果实膨大

（1）番茄疏花疏果　在花期应疏掉多余的花蕾及畸形花，坐果以后应疏掉果型不整齐、形状不标准及同一果穗发育太晚的果实，同时避免花果过少造成减产。一般在果实长至直径3cm以后进行疏果，先疏去畸形果（图4-125）、小果。一般大果型品种（250g以上）每穗应留3～4个果，中果型品种（150～250g）应留4～5个果，小果型品种（50～150g）可留5个以上，樱桃番茄可保留全部正常果。

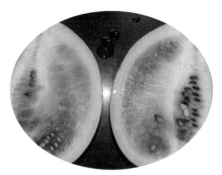

▶图4-126　西瓜畸形瓜商品性差应及时摘除

（2）西瓜疏果　正常授粉的西瓜一般第二天果柄开始弯曲，子房下垂，增粗变大，果色变淡，这说明受精过程已完成，瓜已坐住。授粉10d后进行疏果留瓜，将畸形果（图4-126）、病虫果和有伤的幼果去掉，每株选择2个大小相当、节位相近的瓜，其他全部疏掉。大果型西瓜每蔓留1个瓜，一般留主蔓第15～20节内的1个雌花和侧蔓第10～15节内的1个雌花，疏去其他雌花；中小果型西瓜每蔓可以预留1～2个果，以后定果1个。

（3）甜瓜疏果　薄皮甜瓜均为一株多瓜，一般每株留4～5个，多者可以留十余个。厚皮甜瓜单株留果少，大果型中晚熟品种常留1～2个果。对坐瓜节位过低、小瓜、畸形瓜、病虫瓜、烂瓜应及时摘除。

2. 保花保果

当植株营养不足、受逆境胁迫时（如低温或高温），一些花和果实即会自行脱落，这时应采取保花保果措施。落花落果还与植株内激素水平有关，因此可以通过改善植株自身营养状况，施用生长调节剂等方法保花保果。大棚栽培中易落花落果的蔬菜如番茄、菜豆等，宜采取保花保果的措施，以提高坐果率。

引起落花落果的原因主要有两个。一是环境条件不适宜，如在育苗过程中或定植后气温过低、过高，引起花芽分化不良，发育不完善，造成花畸形；花期温度异常，造成授粉受精不良；阴雨天多，光照不足，导致植株光合产物减少，营养不良等。二是栽培管理不当，如肥水管理、植株管理不当，造成植株徒长，营养生长过旺，营养器官与花、果实竞争养分；病虫危害会直接造成落花落果。

保花保果的措施主要有振动式人工授粉、吸蘸式人工授粉、熊蜂（蜜蜂）授粉、合理调整植株生长等。此外，还可采用化学药剂进行保花保果。

（1）振动式授粉方法　蔬菜等农作物的花粉在夜温低于 10 ~ 12℃、日温低于 20 ~ 22℃时，或夜温为 20 ~ 22℃、日温高于 32℃时，花粉活力都不佳。棚室的湿度过大，或有露水，这些情况下都不适宜授粉。有些品种花柱过长，在开花时因柱头外露，而不能授粉。

振动式授粉是利用植株具有活力、发育良好的花粉，通过振动或摇动花序能促进花粉从花粉囊里散出，并落到柱头上，从而达到人工辅助授粉的目的。摇动花序或振动植株的适宜时间为上午 9 ~ 12 时。

（2）吸蘸式授粉方法　当花器发育不良、花粉粒发育很少时，采用振动花序与吸蘸式授粉相结合的方式处理，比单独使用振动式授粉，保花保果效果好。吸蘸式授粉要在振动花序两三天后处理，否则会干扰花粉管的生长。

吸蘸式人工授粉为采集雄花花粉对异株雌花涂抹授粉。在棚室里的作物雌雄花开放时，约每天 10 ~ 12 时，掰开雄花，去掉花瓣，将花粉均匀涂抹在雌花上（图 4-127），或者将花粉蘸在毛笔或脱脂棉签上，然后再将花粉蘸在雌蕊柱头上。此时一定要检查好雄花是否有完整花粉。方法是拿一株雄花涂抹在手掌上，看是否有金黄色花粉。操作时注意不要触摸雌花，否则会出现不成熟畸形瓜果。人工授粉 7 ~ 10d 内完成。在原则上，人工授粉是 1 朵雄花对 1 朵雌花，但在雄花粉不足情况下，1 株雄花可用于 3 个异株雌花授粉。

（3）熊蜂（蜜蜂）授粉技术　传统的振动式和吸蘸式授粉，需要每天操作，费时费力，并很容易造成植物秆茎和花蕊受伤，引发病害感染，而且产量和品质也不理想。为了解决授粉中存在的这些问题，西方一些农业发达国家，通过研究发现，利用熊蜂或蜜蜂为温室蔬菜如番茄、辣椒、茄子、草莓（图 4-128）等授粉，能取得良好的效果。

▶图4-127　菜农在给西瓜人工授粉

▶图4-128　草莓大棚内放置熊蜂或蜜蜂授粉

（4）植株调整技术　摘心、疏去侧枝和过旺枝蔓等方法可调节过旺的营养生长来防止落花落果。地冬瓜一般每株留1个瓜，在瓜前留6叶打顶；架冬瓜在瓜前留4~5叶打顶，可以控制营养生长过旺，促进果实发育。

四、支架、绑蔓、吊蔓、落蔓

1. 支架

支架，即对于不能直立的蔓生性蔬菜，人工搭建撑架，供蔬菜作物攀缘和将蔬菜茎秆绑缚其上，使其保持良好的生长和受光姿态。

蔓生性蔬菜瓜类、豆类等需要借助其他支撑物才能向上生长，许多蔬菜如番茄、辣椒茎秆较软、根系浅，也需支架。支架又叫搭架，是将架材（钢管、竹竿、树枝等）插入土中并架成稳定形状，以便蔬菜作物攀缘或被绑缚其上。搭架和绑枝蔓，有利于植株直立生长，可以增加栽植密度，改善通风透光条件，减少病虫害，防止果实接触地面后烂果，从而提高产量和品质。

当植株长到一定高度时，先进行中耕，使土壤疏松以便架材插入。支架形式有单竿架、篱形架、人字架、棚架等（图4-129）。

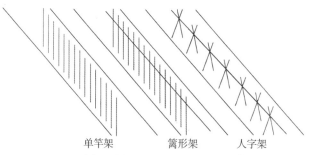

单竿架　　篱形架　　人字架

▶图4-129　几种常见支架形式示意图

（1）单竿架　每一植株旁插入一根短架材，直接将植株绑缚在其上即可。该类型支架简单，用架材少，但稳定性和牢固性差，因此仅适合植株较矮小和产品较小的蔬菜类型，如豆类（图4-130）、辣椒（图4-131）、茄子（图4-132）和有限生长型番茄（图4-133）。

▶ 图4-130　大棚内豇豆单竿架

▶ 图4-131　辣椒单竿架

▶ 图4-132　茄子单竿架

▶ 图4-133　有限生长型番茄单竿架

▶ 图4-134　菜豆大棚篱形架

（2）篱形架　每一植株旁插入一根架材，并用一长竹竿将立杆连接在一起。该类型支架较简单，用架材较少，稳定性和牢固性比单竿架好，适合中等大小的植株和较矮小的蔬菜，如豆类（图4-134）、多数瓜类（图4-135、图4-136）、辣椒、茄子和有限生长型番茄（图4-137）。

▶图 4-135　冬瓜篱形架

▶图 4-136　冬春黄瓜大棚篱形架栽培

▶图 4-137　有限生长型番茄篱形架

　　（3）人字架　将架材架成"人"字形，并用一长竹竿或纤维绳将人字杆连接在一起。该类型支架较复杂，用架材较多，稳定性和牢固性好，适合所有蔬菜，因此生产上这类支架用得最多（图 4-138 ～图 4-141）。

▶图4-138　豇豆人字架

▶图4-139　番茄人字架

▶图4-140　南瓜人字架

▶图4-141　黄瓜人字架

（4）棚架　将架材架成平棚形，或直接利用塑料拱棚的骨架。该类型支架复杂，用架材较多，稳定性和牢固性好，适合分枝性强、栽植密度较小的蔓生性蔬菜，如佛手瓜、苦瓜（图4-142）、丝瓜（图4-143、图4-144）、冬瓜（图4-145）和扁豆等蔬菜。

▶图4-142　苦瓜大棚架栽培

▶图4-143　丝瓜平棚架栽培

▶图4-144　丝瓜大棚栽培

▶图4-145　小冬瓜大棚架栽培

　　架冬瓜在抽蔓时搭棚或插架，棚和架的形式各地不同，可插三角架、四角架或搭棚架。棚架搭好后引蔓上架，上架前先盘蔓。上架后必须绑蔓，见第一雌花时进行第一次绑蔓，见第二雌花时进行第二或第三次绑蔓，并使瓜着生在立杆与横杆的交叉处，以便于吊瓜。绑蔓的同时，仔细打杈，将主蔓上所有杈蔓及时除掉。

　　丝瓜应搭棚引蔓。当瓜蔓30～50cm长时，应及时搭棚架引蔓，有条件的地方亦可直接利用大棚骨架作棚架。搭架引蔓时，每棵丝瓜旁垂直插上一根竹竿，每隔2m左右竖立一根加固材料，在1.6m左右高度再横拉竹竿，连接两边垂直竹竿形成棚顶，然后用细绳在棚顶连接成网状，供丝瓜攀爬。

2. 绑蔓

　　对于支架栽培的蔓生作物，无论用竹竿或木条作材料，植株在向上生长过程中依附架条的能力并不是很强，因此，需要人为地用麻绳、稻草、塑料绳等材料将主茎捆绑在架条上，以使植株能够直立地向上生长。生产中多采用"8"字形绑缚，可防止茎蔓与架杆发生摩擦。绑蔓时松紧要适度，既要防止茎蔓在架上随风摆动，又不能使茎蔓受伤或出现缢痕。

　　（1）西瓜　设施栽培常采用支架栽培，即用竹竿支架或用尼龙绳等吊蔓方式，瓜蔓每伸出30cm左右绑蔓一次，将瓜秧弯曲向上绑，保持植株间秧蔓高度尽量一致。绑蔓时要注意逐条捆绑，切不可两蔓合绑。绑蔓不要过紧，以免影响植株生长，但一定要绑牢。

　　（2）黄瓜　第一次绑蔓一般在第四片真叶展开甩蔓时进行（图4-146），以后每长3～4片真叶一次。第一次绑蔓可顺蔓直绑，以后绑蔓应绑在瓜下1～2节处，最好在午后茎蔓发软时进行。瓜蔓在架上要分布均匀，采用"S"形弯曲向上绑蔓，可缩短高度，抑制徒长（图4-147）。

▶图4-146 菜农给黄瓜绑蔓　　　　▶图4-147 黄瓜绑蔓效果图

（3）番茄 搭架后及时绑蔓，以后在每穗果实上绑一道。一般用稻草、布条或编织绳在茎与架子之间绕成"8"字形，可避免茎与架材摩擦或下滑（图4-148）。绑蔓时应注意使植株茎叶在支架上分布均匀，利于充分受光。同时使果实朝向架的外侧，以免影响果实的正常发育。生产上也用绑蔓枪进行绑蔓（图4-149），可提高工作效率。

▶图4-148 番茄人工绑蔓效果图　　　▶图4-149 番茄绑蔓枪绑蔓效果图

（4）西葫芦 采用插架的方式，即在每株秧旁插一个粗竹竿，再用塑料绳将蔓绑住。绑蔓时要注意不能将线绳缠绕在小瓜上，同时调整植株的叶柄，使其横向展开。绑蔓应经常进行，对个别较高的植株，绑蔓时可使其弯曲，以使生长点在同一高度上。如生长期长，茎蔓较高，可适当放蔓后再绑蔓。

3. 吊蔓和落蔓

吊蔓就是设施栽培的高架果菜茎蔓用尼龙线或麻绳等牵引吊挂，绳的一端固定在植株根颈部或插于根茎部土壤的木楔上，另一端用活结固定在棚顶横拉铁丝上，随着茎蔓的伸长，将茎蔓绕到绳上，并剪掉瓜蔓上卷须，以减少养分损耗，促进植株加快生长。

落蔓就是当吊蔓栽培的蔬菜结果部位高于采摘等操作高度时，剪掉植株基部的老叶，松开系在棚顶铁丝上的吊蔓绳，使蔬菜茎蔓落下，将其基部顺地向同一方向整齐排放，或将茎蔓基部绕植株根部盘绕。每次落蔓以使植株生长点约落至人体高度为宜。

吊蔓和落蔓适于设施栽培的黄瓜（图4-150）、甜瓜（图4-151）、西瓜（图4-152）、番茄（图4-153）、茄子（图4-154）、辣椒（图4-155）等蔬菜，尤其是设施长季节栽培，其作用与搭架和绑蔓一样，是支持植株的一种方式，可以改善通风透光条件，延长蔬菜采收期，提高产量和品质。

▶图4-150　黄瓜吊蔓

▶图4-151　甜瓜吊蔓

▶图4-153　番茄吊蔓

▶图4-152　西瓜吊蔓

▶图4-154　茄子吊蔓

▶图4-155　辣椒吊蔓

（1）吊蔓技术　茄果类蔬菜茎秆直立性较强，一般当植株生长至结果期时需要吊蔓。番茄吊蔓栽培一般采用单干整枝，茄子和辣椒采用双杆整枝，每个结果枝一条吊蔓绳，随着茎蔓生长，将茎蔓在吊绳上按同一方向缠绕固定。

瓜类蔬菜茎蔓较柔软，生长快，设施栽培定植缓苗后不久植株即不能直立，需要吊蔓。黄瓜一般采用单蔓整枝，西瓜和甜瓜采用多蔓整枝，每蔓一根吊蔓绳，缠蔓时随时去除卷须。西葫芦棚室栽培密度大，为使植株受光良好，方便授粉、采收等田间作业，可以进行吊蔓栽培。吊蔓栽培的采用单蔓整枝，每株一根绳，随着蔓的生长进行缠蔓。

（2）落蔓技术　茄果类蔬菜茎秆木质化程度高，尤其是辣椒和茄子，不但茎秆脆硬，且生长慢，即使长季节栽培茎蔓也不是很高，因此只需吊蔓，不需落蔓；番茄茎秆生长较快，长季节栽培时需要落蔓（图4-156）。落蔓时将茎蔓基部老叶剪除后，将茎蔓顺地整齐排放，将植株生长点原位落下至人体高度。黄瓜结果多，生长期间需多次落蔓（图4-157、图4-158）。落蔓时剪除基部老叶，将无叶的茎蔓基部绕植株根部地面缠绕。西瓜和甜瓜一般单株结果少，生长期间主要需要缠蔓，多次结瓜的需要落蔓，落蔓方法与黄瓜相同。西葫芦茎蔓较短，无需落蔓。

（3）落蔓方式　不同蔬菜茎秆质地和长短不同，落蔓方式也不一样。

①交叉落蔓　在番茄主茎蔓结果达到7～8层时，主茎蔓高度一般可达到2m左右，生产上即可采取落蔓措施。

▶图4-156　长季节栽培番茄落蔓效果图示

▶图 4-157　藤蔓落蔓绳结构图　　　　　　▶图 4-158　黄瓜落蔓效果

　　具体做法是：先将采收过番茄的植株下部老叶、黄叶、病叶摘掉，落蔓在每个单行进行，从棚室北侧开始，每 6 个植株为 1 组，将第一株茎蔓解下，沿畦垄向南放至第四株位置，再重新吊好蔓，第二株依同样方法放至第五株位置吊好蔓，第三株放至第六株位置，再将第四株向北放至第一株根部向上吊好蔓，第五株向北放至第二株根部向上吊好蔓，第六株向北放至第三株根部向上吊好蔓，这样以此类推进行落蔓。落蔓后将贴近地面的茎用土埋住，促使其产生不定根。采用此方法可使每株番茄高度降低 1m 左右，可多结果 4～5 层，延长采收期 2 个月，一般可增产 30% 左右。

　　②普通落蔓　第一果枝的果实采收完后，第二果枝的第一穗果迅速膨大，第二果穗坐住时进行第一次落蔓。随后，每个结果枝采收完后都要落蔓一次，放落下的枝蔓直接在植株基部盘绕即可。为防止土传病害而嫁接的植株，落下的茎蔓不能接触土壤。黄瓜常用此法进行落蔓。

　　③顺绳落蔓　是指当吊蔓栽培植株长到顶部后，除去一部分老叶，留果下 1～2 片叶，使枝蔓和吊绳一起下落（吊绳事先预留长度），水平落于垄上。大棚温室栽培番茄，一般选用无限生长的番茄品种，进行长季节栽培（一年一茬），一般采用单干整枝法，茎绕在生长线上，生长线缠绕在塑料或铁钩上。随着植株的生长，不断将线放下，而使茎躺下来接近地面，地面上一般用金属或木竹架承托茎，使茎不接触地面。这样可以使茎不受地面病虫害的侵染，又能让植株上部直立生长，适于接受光照和授粉。

　　（4）落蔓时间　落蔓宜在晴天的午后进行，此时茎蔓含水量低，组织柔软，便于操作，可避免落蔓时伤茎。

　　（5）落蔓前后的管理　落蔓前控制浇水，以降低茎蔓中的含水量，增强其韧性。落蔓时应把茎蔓下部的老黄叶和病叶去掉，并将其带到棚室外面深埋或烧毁。落蔓部位的果实也要全部采收下来。避免落蔓后叶片和果实在潮湿的地面上发病，形成发病中心。

4. 牵引和理蔓

（1）牵引　又叫引蔓，是将茎蔓引到架上或吊绳上的技术。设施栽培的蔓性蔬菜，常在设施近顶部先沿行向拉铁丝，然后在铁丝上按照栽植距离系上牵引线或绳，另一端系在植株的根部，将植株直立牵引到吊绳上，双蔓整枝时可将植株成"人"字形牵引到吊绳上。合理的引蔓可以给植株创造较大的吸收面积，改善通风透光条件，提高光能利用率，减少病虫害。

（2）理蔓　理蔓是整枝后对茎蔓空间分布的调整，决定茎蔓的伸长方向，使枝叶合理、均匀分布，充分利用空间。在西瓜、甜瓜露地栽培中理蔓必不可少且方式多样，有单蔓单行、双蔓单行、双蔓双行、三蔓双行、三蔓单行、四蔓单行、四蔓双行等方式（图4-159、图4-160）。而在设施栽培中主要是将茎蔓呈"S"形绑于架上或绕在吊绳上。

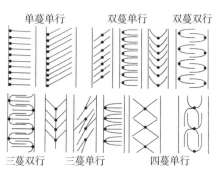

▶图4-159　西瓜、甜瓜理蔓的几种方式

▶图4-160　西瓜单蔓单行理蔓效果图

五、固定和压蔓、盘条

1. 固定和压蔓

蔓生性蔬菜（如西瓜、南瓜、冬瓜等）爬地栽培时，常用泥土或枝条将秧蔓压住或固定，称为压蔓。

压蔓的作用一是固定秧蔓，防止风刮秧蔓造成秧蔓滚动，叶柄扭曲，叶片、花器或幼瓜损伤；二是使茎叶积累更多的养分而变粗加厚，有利于植株健壮生长；三是使植株排列整齐，茎叶在田间分布均匀，充分利用光照，提高光能利用率；四是促使埋入土中的茎节产生不定根，扩大根系吸收面积，增强对肥水的吸收能力。土传病害严重的连作地块，嫁接苗不能将蔓压入土中。压蔓有明压、暗压、阴阳压蔓等方式。

（1）明压法　亦称"明刀"、"压土坷垃"，就是不把瓜蔓压入土中，而是隔一定距离（约 30 ~ 40cm）压一土块（图 4-161）或插一带杈的枝条将蔓固定。明压时一般先把压蔓处整平，再将瓜蔓轻轻拉紧放平，然后把准备好的土块或取行间湿土握成长条形泥块，压在节间上。也可选带杈的枝条、棉柴或专用压蔓器（图 4-162）等将瓜蔓叉住。明压法对植株生长影响较小，因而适用于早熟、生长势较弱的品种。一般在土质黏重、雨水较多、地下水位高的地区，多采用明压法。

▶图 4-161　西瓜用泥块压蔓示意图　　　▶图 4-162　压蔓器

（2）暗压法　又称"压闷刀"或"压阴蔓"，就是连续将一定长度的瓜蔓全部压入土内。具体做法是：先用瓜铲将压蔓的地面松土拍平，然后挖成深 8 ~ 10cm、宽 3 ~ 5cm 的小沟，将蔓理顺、拉直、埋入沟内，只露出叶片和秧头，并覆土拍实。暗压法对生长势旺、容易徒长的品种效果较好，但费工多，而且对压蔓技术要求较高。在砂性土壤或丘陵坡地栽培旱瓜，一般要用暗压法。

（3）阴阳压蔓法　将瓜蔓隔一段理入土中一段，称为阴阳压蔓法。压蔓时，先将压蔓处的土壤疏松拍平，然后左手捏住瓜蔓压蔓节，右手用瓜铲挖宽 3 ~ 5cm、深约 6 ~ 8cm 的沟槽，左手将瓜蔓拉直，把蔓顺放沟内，使瓜蔓顶端露出地面一小段，然后将沟内挤压紧实即可，每隔 30 ~ 40cm 压一次。在平原或低洼地栽培西瓜，压阴阳蔓较好。

西瓜压蔓有轻压、重压之分。轻压可使瓜蔓顶端生长加快，但较细弱；重压后瓜蔓顶端生长缓慢，但很粗壮。生长势较旺的植株可重压，如果植株徒长，可在秧蔓长到一定长度时将秧头埋住。在雌花着生节位的前后几节不能压蔓，雌花节上更不能压蔓。为了促进坐果，在雌花节到根端的蔓上轻压，雌花节以上近顶端的 2 ~ 3 节重压。北方地区，西瓜伸蔓期正处在旱季，晴天多、风沙大、温度高，宜用重压。西瓜压蔓宜在中午前后进行，早晨和傍晚瓜蔓较脆易折断，不宜压蔓。

南方种瓜对压蔓不讲究，一般伸蔓期结合整枝理蔓，把瓜蔓伸向预定的方向，顺手用小土块压住，有的在瓜田铺草或在西瓜伸蔓后，于植株前后左右每隔40～50cm插一束草把，使瓜蔓卷绕其上，防止风吹滚秧。地冬瓜自蔓长50cm左右时压蔓，以后每长50cm左右压蔓一次，共压3～4次。

2. 盘条

盘条是露地栽培西瓜、冬瓜等蔬菜上使用的一项整蔓技术。通过盘条可以使瓜蔓均匀分布，结瓜部位恰当，充分利用光能和地力。

西瓜盘条是在瓜蔓长40～50cm时，将西瓜主蔓和侧蔓（在双蔓整枝情况下）分别先引向植株根际左右斜后方，并弯曲成半圆形，使瓜蔓龙头朝向前方，将瓜蔓压入土中（但不可埋叶）。一般主蔓较长，弯得弧大些；侧蔓短，则弯得弧小些，使主侧蔓齐头并进。盘条操作要及时，若过晚则盘条部位的叶片已长大，盘条后瓜蔓弯曲处的叶片紊乱和拥挤重叠，较长时间不能恢复正常，对生长和坐瓜不利。盘条可以缩短西瓜的行距，宜于密植，同时能缓和植株的生长势，使主侧蔓整齐一致，便于田间管理。因此，露地栽培的中、晚熟西瓜多进行此项工作。

冬瓜上架之前均在地面生长，为了使瓜蔓均匀分布，较好地利用阳光，使坐果位置适当，常进行盘条（图4-163），即将植株在株距范围内进行环状引蔓，在植株生长点往后数第三至第四节真叶的茎节处，按引

▶ 图4-163　冬瓜盘条效果

蔓的方向挖一个 5~6cm 深的半圆形沟，将茎节和叶柄顺着盘入沟内，盖土压实。注意盘条时要摘除侧枝和卷须。对蔓长的植株，盘条弧度大些，反之则小些，目的是使各个植株伸出地面的茎长度一致，以利后期绑蔓和上架管理。盘条可以促进节间发生不定根，扩大吸收肥水的营养面积，并有固定植株、防止风害的作用。

设施环境调控

一、温度

1. 大棚内温度的变化规律

　　大棚内气温及其变化对蔬菜生长影响很大，大棚的环境受"温室效应"和"密封效应"的制约。其温室效应首先表现在最高气温上，最高气温与天气有关，晴天大阴天小。早春棚温比室外高 15℃以上，3 月上中旬棚内平均温度比室外高 8~12℃，最低温比室外高 1~5℃。露地最低温度稳定通过 -3℃的日期，可作为大棚最低温度稳定通过 0℃的日期，这对预防棚内冻害有一定的参考意义。初冬和早春，大棚内最低温短时间低于棚外最低温的现象称为"棚温逆转"，要采取保温措施以减少对蔬菜的危害。大棚气温的日变化与露地相似，但变化剧烈、日较差大。大棚室内气温有明显的季节变化，在 12 月下旬至 1 月下旬气温最低，一定要有保温和加温措施，才能进行深冬蔬菜栽培。2 月上旬至 3 月中旬气温回升，春提早蔬菜即可开始生产，但 3 月中下旬后棚温在晴天可达 38~40℃，易现高温危害（图 4-164、图 4-165）。

▶图 4-164　大棚高温烧坏辣椒嫩叶

▶图 4-165　黄瓜高温后放风导致急剧失水干枯

大棚内的不同部位的气温，午前南北向的东部高于西部，午后相反，相差 1~3℃，夜间四周低于中部。

塑料大棚覆盖面和空间大，保温效果优于中小棚，地温较稳定，一般比露地高 5~10℃。地温与气温一样，随季节而变化，秋季地温下降慢，利于蔬菜的延后生长，早春回升快。南方地区，3 月下旬至 4 月，大棚的地温可达 20℃左右，利于蔬菜的生长，6~9 月地温可比露地低，10 月至 11 月上中旬为 10~20℃，利于蔬菜的春提早、秋延后栽培。

大棚热环境的形成是温室效应、密封效应和土壤贮热共同作用的结果，阳光是大棚热量的主要来源，大棚的土壤是太阳能的吸收贮存器，夜间大棚内热量主要来源于土壤的贮存。土壤贮热越多，越利于气温的维持。

2. 蔬菜对温度的要求

蔬菜的不同生育阶段对温度有不同的要求，一般种子在较高温度下才能发芽，苗期比发芽期适温范围广。生殖生长阶段要求较高的温度，如果菜类开花结果对温度要求比较严格。在蔬菜生长发育过程中还要求适当的昼夜温差，不同蔬菜、不同生育阶段对温差要求亦有差异。

蔬菜的生长发育有一个三基点温度（下限、上限、最适温度），光合作用的上限温度为 40~50℃，下限温度为 0.5℃，最适温度为 20~25℃；呼吸作用的三基点温度为 50℃、36~40℃、-10℃。经济栽培的临界温度是指蔬菜能维持生命进行微弱的生长，但失去经济栽培价值的温度。

蔬菜对地温要求亦较严格，一般蔬菜的根与茎叶忍受低温和高温的能力是不同的，根系适温范围较窄。对气温要求高的蔬菜，对地温要求也高，在生产上，气温高时应适当降低地温，气温低时应适当提高地温，利于蔬菜的生长。

3. 调节塑料棚温度的主要措施

（1）冬春低温寒冷季节加温、保温和防冻措施　大棚内温度的调节主要是指保温和降温两个方面。大棚保温主要是在晚秋、冬季及春季，一般开始于 10 月下旬，结束于 4 月中下旬，常用的调节方法有通过酿热物、火炉、电热炉、电灯、水暖、风暖、蒸汽、覆盖等进行加温保温。在实际操作中，有时需几种

▶图 4-166　连栋棚或大型温室保温增温效果好

方法同时配合使用。应特别注意防冻，在生产中由于冻寒常造成 30% 以上的损失，要随时关注天气预报，另外也要解决好保温与通风降湿、增强光强之间的矛盾。加温、保温、防冻可采取如下综合措施。

①尽量建大型棚（图 4-166） 要充分发挥大型棚体的保温效能。棚体越大（指棚跨度和高度），热量的贮存容量越大，增温保温效果越好，因此，要尽量建成标准大棚，以利于保温增温。

②合理布局 大棚在搭建时应遵循相应的原则，避免遮阴。特别是在一些山区、半山区，以及城市郊区等，必须使大棚具有能充分接受阳光的条件。如标准型高效节能日光温室，东西走向，坐北朝南，多采用圆形棚面。最佳采光时段合理采光，屋面角应为 22°～23°。拱圆形日光温室前屋面倾角上沿 12°～14°、中部 22°～23°、前坡 26°～30°、前坡角 35°～40°，后屋面仰角为 135°～140°。

③选择适宜的大棚农膜 最好选用无滴膜。选用新型多功能膜，可使棚温增高 1～4.5℃。大棚顶膜必须选用新膜，不能用旧膜。大棚面积越大，温度降低较慢，保温效果越好。经常清洁棚面，保持透光面的洁净。

④提前扣膜增温 根据各地的小气候条件灵活掌握。不要等太阳下山后，气温较低时才去闭棚，这样保温效果较差。正确的方法是：在下午 4 时许将小拱棚（如育苗床）关闭盖严，盖上草帘，随后关严大棚门，以保持棚内较高的温度，对于促进棚内夜温的提高效果较好。提前闭棚烤地，可增加深层土壤热贮存。

⑤多层覆盖 冬季外界气候寒冷，棚室内热量散失快，采用多层覆盖技术，能有效地降低热量的散失，延缓热量散失的时间，这是最经济有效的保温技术。在霜冻来临时，最低气温在 0～4℃，在大棚内套小拱棚（图 4-167），并可加盖遮阳网或无纺布；当大棚外界最低气温降至 0℃以下时，在大棚外围的裙边处加盖草片，大棚内的小拱棚上覆盖两层薄膜，在两层薄膜中间夹一层遮阳网或无纺布，并在靠近大棚两侧处的小拱棚边覆盖一层草片；如果温度还太低，则可在大棚顶膜上覆盖一层遮阳网，甚至在大棚内距顶膜 10～20cm 处覆盖二道膜。据测定，越冬期采用多层覆盖技术比单层覆盖棚内气温高 4～5℃。大棚内扣小棚，能使棚温提高 2～4℃。

⑥临时加温 在外界温度特别低，采用多层覆盖也不能达到要求时，则应考虑采用临时加温措施，方法有以下几种。一

▶图 4-167 大棚加小拱棚多层覆盖保温栽培秋延后辣椒

是明火加温。明火加温不能在大棚设施内燃烧柴火或煤。可用木炭燃烧加温，但也应注意一氧化碳等有毒气体的危害。二是电热线加温。在大棚土壤内埋入电热线，利用电热线加温以提高土温，有时配合使用空气加温线加温（图 4-168）。普遍用于冬春育苗和保护地栽培，效果好，但使用成本较高。三是热风炉加温。在电厂或有锅炉的工厂周围，可利用其余热进行加温。成本低、效果好，特别适合在连栋大棚或大跨度大棚内使用，也可用电炉加温（图 4-169）。四是热水袋加温。白天在大棚内放置水袋，利用水比热大的特点，白天水袋吸收太阳光能，并转化为热能贮存起来，在夜间降温时逐渐释放，从而提高大棚温度。五是水暖加温（图 4-170、图 1-171）。将水送入锅炉内加温，使水变成蒸汽、热水或温水，通过传送铁管引入保护设施内的铁管或暖气片内增温，冷却后从回水管回到锅炉内重新加热不断循环。

▶图 4-168　地热线加空气加温线给越冬辣椒苗加温

▶图 4-169　大棚内电炉加温

▶图 4-170　锅炉增温

▶图 4-171　大棚育苗锅炉增温管道系统

　　⑦填充酿热物　在整地后作畦或作苗床时，在土壤中填充酿热物，如新鲜垃圾、新鲜厩肥、牛粪、猪粪等并加稻草，然后再填埋菜园土，播种或定植。

利用酿热物的发酵所逐渐释放的热量提高土壤和空气的温度。这种方法在冬季果菜类育苗及蕹菜、落葵等叶菜作物的早熟栽培上具有良好的效果。在南方，常用猪牛粪等作酿热物，掺和一些鸡、羊粪或人尿、碳酸氢铵等，酿热物一定要是新鲜的，踩床时分层踩入，厚度 20～30cm，含水量 70%左右。

⑧生态保温　在冬春季节育苗或栽培中，应在播种或定植前 10～30d 整地、施基肥、覆盖农膜，使大棚预热，提高土温。一般于 10 月上中旬开始扣棚。在大棚内四周开防寒沟，宽 25～30cm，填入马粪、鸡粪、羊粪、锯木屑、柴草等，上面盖土稍高于地面。定植时苗坨要与地面相平或稍高于地面，不宜定植太深。定植后速浇定根水，并最好用深井水浇灌促缓苗。没有覆盖地膜的，生长前期应在行间多次中耕松土，可提高地温、保墒。

⑨及时防冻　寒潮到来前，如果大棚内没有再盖小棚的条件，可在土壤较干时灌水，有一定的防冻效果。霜冻前，在棚外熏烟，可使棚周围气温提高 1～2℃，棚内气温相应增加。

此外，可选用 CR-6 植物抗寒剂 75 倍液喷施，还可结合在播种前用 50 倍液浸种，移栽时用 100 倍液浸根，或叶面喷施。如辣椒苗，在 3～4 片叶时，7d 一次，连喷两次 0.5%的氯化钙液，防冻效果好。寒潮来临前 1～2d，还可叶面喷施 1%的葡萄糖液。

（2）大棚内的高温危害的防治措施　在冬春季节，大棚内不仅会出现低温为害，而且也会出现高温危害问题，特别是在晴朗天气的中午前后。在夏季高温季节，或秋季大棚栽培时，同样会遇到高温问题。晚秋、冬春季节大棚降温措施，主要是通风和覆盖遮阳网，而夏季高温时节降低温度的方法主要是覆盖遮阳网、进行深井灌溉以及畦面覆盖稻草等。应特别注意夏秋棚温最高不要超过 33℃。在生产中有时几种方法同时配合使用。大棚栽培中因高温烧苗毁苗的现象经常发生，切不可一盖了之。

①通风降温　通风是指将大棚两侧的顶膜适当往上顶起，使得大棚内外空气进行交换。一般在 11 月中下旬至 4 月初的冬春季，只进行大棚两侧通风（图 4-172），其他时间大棚两头也可通风。有多层覆盖时，一般是先内后外进行通风，即先对中、小棚通风，然后进行大棚通风；秧苗假植、植株定植缓苗前，一般不通风，但如果棚内温度太高，可对大棚通风，而中、小棚仍处于密闭状态。大棚通风的位置应背风，通常是大棚东侧先通风，有大风天气更应注意风向；通风口应由小而大；开始通风的时间应视天气情况而定，一般不能在棚内温度到达或超过作物所能忍受的温度时才通风，应适当提前。

有时还可利用排气扇（图 4-173）进行人工通风降温。排气扇最好安装在大棚的顶部，也可安装在大棚的一侧，利用另一侧的通风口进气。人工通风降温快，但需一定能耗，一般只在大规模保护地栽培中采用。

▶图 4-172　大棚茄子揭裙膜通风　　▶图 4-173　连栋大棚内用排气扇强制通风

　　②覆盖遮阳网　冬季育苗，特别是假植期间，有时遇到晴朗、"高温"天气，应一边假植，一边洒水，并覆盖农膜及遮阳网遮阳、保湿降温。进入 6 月份后，气温上升快、温度高，对叶菜类蔬菜生长、秋冬菜秧苗生长不利，应采用遮阳网覆盖降温。一般在大棚顶覆盖遮阳网，如果采用小拱棚育苗，也可在小拱棚顶覆盖遮阳网，使大棚（或小拱棚）两侧通风（图4-174）。在 8 月下旬或 9 月上中旬，秋冬季栽培瓜果蔬菜时，有时会遇到"秋老虎"天气，大棚内温度较高，应采用遮阳网进行棚顶覆盖（图4-175）。连栋大棚一般有外遮阴和内遮阴降温系统（图 4-176、图 4-177）。

▶图 4-174　大棚内小拱棚上覆盖遮阳网遮　　▶图 4-175　夏季遮阳网覆盖栽培
阴培育夏秋苗

▶图 4-176　大棚外遮阴降温　　　　　▶图 4-177　大棚内遮阴降温

③深井灌溉　6～9月间外界气温高，水分蒸发量大，常常需要浇水，以补充水分。如果用深井水灌溉，采用微喷，可补充植株（秧苗）生长所需的水分，降低气温和土温。同时，深井灌溉应与遮阳网、棚顶薄膜覆盖相结合。高温季节适时适量灌水，必要时进行叶面喷水或棚面、室内喷水，有明显降温效果。

④畦面覆盖稻草或秸秆　夏秋季栽培茄果类、瓜类蔬菜时，在畦面覆盖稻草或秸秆（图4-178），可有效地降低土温，并可保持土壤水分及土壤疏松，有利于根系的生长。据观察，在蔬菜操作行内覆盖作物秸秆，能降低棚内地温4～5℃，并能使夏季每5～7d浇一遍水延迟至10～12d浇一遍水，不仅达到了降温保湿的效果，而且还因减少

▶图4-178　黄瓜行间铺草

了浇水次数节省了电费。此外，在蔬菜操作行内铺盖作物秸秆有效改变了大棚内高温干旱的环境，从而减轻了大棚蔬菜病毒病的发生，并且操作行内的土壤不容易被踏实，透气性较好，有利于蔬菜根系的生长发育。

⑤降温帘降温　降温帘又称蒸发帘，是一种新型的空气冷却系统，在美国已普遍用于棚室，目前国内尚无其应用的报道。它利用干湿球温度计两球之间有差异的原理，在棚室北侧建降温帘。帘片用白杨木丝、纸、猪鬃、铝箔等材料制成。在帘片上面均匀地滴水，湿润帘片，室内通过排风扇排出热空气后，室外空气必定经过帘片，由于帘片上水分蒸发、吸收汽化热，进入室内的空气就比室外低，达到降温目的。

二、光照

1. 大棚内光照的变化规律

大棚由于覆盖棚膜，棚内的光照强度始终低于自然界的光强。棚内1m高处的光强为自然光强的60%～70%。棚内光照强度因架型、棚膜种类、季节、天气的不同而变化，单栋钢架棚的光强为露地的72%，单栋塑料为71.9%，竹木棚为62.5%，连栋钢筋混凝土为56.5%。无滴膜优于普通膜，新膜好于老化膜，厚薄均匀的膜优于厚度不均匀的膜。大棚内的光照强度受季节、天气的影响，外界光强，室内光照也强，晴天好于多云、阴天。

棚内的光照强度是上强下弱，棚架越高，近地面的光照也越弱，棚内光

强的垂直分布还受棚内湿度、蔬菜种类、高度、密度和叶片形态的影响。例如黄瓜叶片的光强，地面为3170lx，离地8～10cm为11300lx，离地15cm为17400lx。棚内水平方向的光强，南北延长的大棚，上午东侧光照强度大，西侧小，下午相反；东西两侧与中间有弱光带。东西延长的大棚，平均光强大于南北延长的大棚，但南部比北部高20%。大棚的光照时间与露地相似。进入大棚的光谱成分取决于薄膜性质、太阳高度角及天空状况。

2. 蔬菜对光照的要求

光合作用的速率随光照强度的增加而增加，光合作用速率不再增加的光照强度称为光饱和点，光合作用制造的养分与呼吸作用分解的有机物达到平衡的光照强度称为光补偿点。在高浓度的CO_2环境下，光饱和点可以升高，所以在棚室内可进行CO_2施肥。不同的蔬菜对光照有不同的要求，有喜光和耐阴的蔬菜，在棚室栽培中，要选育耐弱光的蔬菜品种，以避免低温寡照影响。

光照时间影响光合作用和棚内热量的积累，影响蔬菜的光周期效应，诱导开花和结果。

到达棚室的光有直射光和散射光。散射光在棚室蔬菜生产上亦很重要，因为散射光中蓝紫光多，具有很强的光合作用与造型作用，特别是多云、阴天、早晨或傍晚，阳光被大量散射，对棚室蔬菜生产十分重要，所以，要及时揭开覆盖物。

3. 南方大棚蔬菜栽培增加光照强度的方法

（1）塑料薄膜的选择　选用透光率高的薄膜是增加大棚光照强度的关键，聚乙烯膜比聚氯乙烯膜光滑度高，静电吸附性差，不易污染，透光性较好，但保温性能和抗张力差。

▶图4-179　大棚膜应进行除污清洗

（2）清扫棚面、挂反光幕　每天早晨用笤帚或拖把，将棚面上的尘土杂物清扫干净（图4-179）。挂反光幕是在后部横拉一道铅丝，将聚酯镀铝膜上端搭在铅丝上，下端卷入竹竿或细绳中，可增加光照25%左右。

（3）延长光照时间　合理减少草苫覆盖可增加光照，晴天日出1h揭盖，日落前半小时覆盖，连阴雨后遇晴天不宜全揭，要先隔一揭一逐渐全揭。连阴雨天最好有人工补充光照，还可铺反光膜，增加光照强度。

（4）选用透光率高的大棚薄膜覆盖材料　如选用多功能棚膜进行大棚覆盖；用转光地膜覆盖畦面。减少棚膜水滴，选用无滴、多功能或三层复合膜作棚膜，地膜覆盖减少水分蒸发，采用滴灌，注意通风、设天棚，在畦间堆放吸湿的稻麦草等措施，均可降低空气湿度，增强光照。

（5）确定合理走向及棚面造型　根据纬度、季节和栽培目的来确定大棚的延伸方向，大棚南北延伸，全天受光均匀，作物生长整齐。为增加光的反射，尽量加大棚面与太阳平行光线构成的角度。在保证稳固的前提下，减少棚架的遮阴。整枝打杈摘老叶，采用主副行，减少株间遮阴。

（6）合理密植，提高光能利用率　要根据蔬菜不同生长时期的需光性及植株大小，合理设置栽植密度，使之受光均匀，达到个体与群体的协调生长。

三、湿度

1. 大棚内湿度的变化规律

大棚内的土壤水分来自灌溉，空气湿度来自土壤水分蒸发和作物的蒸腾作用，塑料大棚密封好、通风量小，容易形成高湿环境，一般夜间湿度可达90%以上，白天多在60%~80%。大棚的相对湿度变化趋势与温度相反，随温度的升高而下降，最低值在13~14时，最高值在凌晨。白天湿度变化剧烈，夜间平稳。土壤的湿度决定于灌水次数、灌水量及蔬菜的耗水量。大棚内土壤湿度高于露地，由于薄膜水滴以固定位置向地面滴落，会造成局部过湿、下层干燥。

2. 蔬菜对水分的要求

土壤的含水量与空气湿度对蔬菜的产量与品质影响很大，棚室相对湿度大，有利于蔬菜的生长发育，但亦为病害的发生和蔓延提供了条件，不同蔬菜对空气相对湿度要求不同（表4-2）。

表4-2　蔬菜对空气相对湿度的要求

类型	蔬菜种类	适宜相对湿度/%
较高湿	黄瓜，绿叶菜，水生菜	85~95
中湿型	芹菜类，甘蓝类，马铃薯，豌豆，蚕豆	75~80
较低湿	茄果类，某些豆类	60~70
较干燥	西瓜，甜瓜，胡萝卜	45~55

不同蔬菜对土壤水分要求不同，黄瓜耗水多、菜豆耗水少，黄瓜前期要控水，结果期要充足供水。

3. 降低湿度的方法

　　（1）通风换气　设施内高湿是密闭所致。为了防止室温过高或湿度过大，在不加温的设施里进行通风，其降湿效果显著。一般采用自然通风，通过调节通风口大小、位置和通风时间，达到降低室内湿度的目的，但通风量不易掌握，而且室内降湿不均匀。在有条件时，可采用强制通风，可由风机功率和通风时间计算出通风量，而且便于控制。在初冬、早春，外界气温低，要以保温为主，在中午适当通风。浇水后要注意通风、早春秧苗定植后不宜放风，高温时要早通风、晚闭风。

　　（2）加温除湿　保持叶片表面不结露，就可有效控制病害的发生和发展。可以根据棚内温度与湿度的变化特点来进行。如果需要增减空气相对湿度时，在作物需要的温度范围内，适当调节棚内温度来达到调节空气相对湿度的目的。如棚内空气相对湿度为100%、棚温5℃时，根据温度每升高1℃、空气相对湿度降低3%的原理，若将棚温升高到10℃时空气相对湿度则下降到85%。

　　（3）覆盖降湿　要防止棚内湿度过大其方法有二。方法一：用无纺布直接覆盖在大棚内的小拱棚上，因无纺布具有一定的吸湿性，可吸附棚内部分水分，起到调节棚内湿度的作用。方法二：可以在棚内进行畦面及畦沟地膜覆盖。覆盖地膜即可抑制由地表蒸发所导致的空气相对湿度升高。覆膜前夜间空气湿度高达95%~100%，而覆膜后，则下降到75%~80%。此外，还可在畦沟内铺上稻草吸湿，进行湿度调节。

　　（4）科学灌水　采用滴灌或地中灌溉，根据作物需要来补充水分，同时灌水应在晴天的上午进行，或采取膜下滴灌等。

　　此外，中耕可切断毛管水、改善土壤通透性。

四、土壤

1. 土壤酸化

　　土壤酸化是指土壤的pH值明显低于7，土壤呈酸性的现象。

　　（1）蔬菜对土壤酸碱度的要求　棚室蔬菜要求土壤酸碱度适中，pH6~6.8为宜。

　　（2）土壤酸化对蔬菜的不良影响　土壤酸化对蔬菜的影响很大，一方面能够直接破坏根的生理机能，导致根系死亡；另一方面还能够降低土壤中的磷、钙、镁等元素的有效性，间接降低这些元素的吸收率，诱发缺素症状。

（3）土壤酸化的原因　大量施用氮肥导致土中的硝酸积累过多是引起土壤酸化的主要原因。此外，过多施用硫酸铵、氯化铵、硫酸钾、氯化钾等生理酸性肥也能导致土壤酸化。

（4）主要防治措施

①合理施肥，增施有机物料　氮素化肥和高含氮有机肥的施肥量要适中，应采取"少量多次"的方法施肥。提倡使用高氮、中磷、高钾复合肥品种，应特别注意增加钾的投入量。减少使用氮、磷、钾比例相同的复合肥。配施硼、锌、钼等长效、微量元素肥料。

②施肥后要连续浇水　一般施肥后连浇 2 次水，降低酸的浓度。

③加强土壤管理　如进行中耕松土，促根系生长，提高根的吸收能力。

④施用碱性土壤调理剂，降低土壤酸度　对已发生酸化的土壤应采取淹水洗酸法或撒施生石灰（图 4-180）中和的方法提高土壤的 pH 值，并且不得再施用生理酸性肥料。pH 为 5.0～5.5 的地块，每亩混入生石灰 130kg 左右；pH 为 5.5～6.0 的地块，每亩施生

▶图 4-180　大棚内洒石灰消毒调酸碱度

石灰 65kg 左右；pH6.0～6.4 的地块，每亩施生石灰 30kg 左右。石灰氮（氰氨化钙）也是理想的土壤改良剂，试验表明，施用氰氨化钙可使土壤 pH 由 5.6 提高到 7.5 左右，改良酸化土壤效果明显，并为作物提供长效氮肥，减弱硝酸盐在土壤及植物中累积等作用。

2. 土壤盐渍化

土壤盐渍化是指土壤溶液中可溶性盐浓度明显过高的现象。

（1）大棚土壤盐渍症状识别　盐渍化会使蔬菜作物根部吸水困难，给其生长发育造成障碍。特别是种植 5 年以上的棚室土壤。

苗期：表现为种子播种后发芽受阻、出苗缓慢、出苗率低，或出苗后逐渐死亡。

植株：生长缓慢、茎细、矮小，甚至生长停滞。植株中午凋萎，早晚可恢复，受害严重时茎叶枯死。还可造成植株缺乏某种微量元素（如钙）。

根系：生长受抑制，根尖及新根呈褐色，严重时整个根系发黑腐烂、失去活力。

叶片：叶色呈深绿或暗绿色、有闪光感，严重时叶色变褐，或叶缘有波浪状枯黄色斑痕、下位叶片反卷或下垂，或叶片卷曲缺绿，叶尖枯黄卷曲。

土壤：冬季或早春地表干燥时，在突出地表的土块表面还会出现一层白色盐类物质（图4-181），湿度大时发绿（图4-182）、湿润时呈紫红色（图4-183），特别是棚室滴水的地方更明显。

当土壤全盐量＜0.1％时，对作物生长影响较小；当土壤全盐量为0.1％～0.3％时，番茄、黄瓜、茄子、辣椒生长受阻，且产品商品性差；当土壤全盐量＞0.3％时，绝大多数蔬菜不能正常生长（图4-184）。

▶图4-181 干燥时盐渍化土壤表面现白色盐类物质

▶图4-182 湿度大时盐渍化土壤呈绿色

▶图4-183 湿润时盐渍化土壤呈紫红色

▶图4-184 土壤盐渍化现象影响蔬菜生长

（2）土壤盐渍化的原因 土壤盐渍化主要是由施肥不当造成的，其中，氮肥用量过大导致土壤中积累的游离态氮素过多，是造成土壤盐渍化的最主要原因。此外，大量施用硫酸盐（如硫酸铵、硫酸钾等）和盐酸盐（如氯化铵、氯化钾等），也能增加土壤中游离的硫酸根和盐酸根浓度，发生盐害。

沙质土壤缓冲力低，土壤溶液浓度易升高。当土壤溶液浓度达到3000～5000mg/kg，养分吸收开始失去平衡；当浓度达5000～10000mg/kg，铵积累，钙吸收受阻，作物变黑和萎缩。盐类的积累与排水情况、土壤有机质含量、中耕及覆盖有关，排水良好、有机质含量高、经常中耕除草、地面有覆盖的，盐渍化速度慢。在塑料棚室中由于在根际反复浇水，盐类聚积，形成一层硬壳，易造成表面湿润而根际干燥。

（3）主要防治措施

①检查土壤中可溶性盐的浓度。

②适量追肥　要根据作物的种类、生育时期、肥料的种类、施肥时期以及土壤中的可溶性盐含量、土壤类型等情况确定施肥量，不可盲目加大施肥量。

③淹水洗盐　土壤中的含盐量偏高时，要利用空闲时间引水淹田，也可每种植3～4年夏闲一次，利用降雨洗盐。

④覆盖地膜　地膜能减少地面水分蒸发，可有效地抑制地面盐分积聚。

⑤换土　如土壤中的含盐量较高，仅靠淹水、施肥等措施难以降低时，就要及时更换耕层熟土，把肥沃的田土换入设施内。

⑥采用滴灌施肥、叶面施肥等施肥技术。

3. 土壤板结

（1）土壤板结的发生原因

①施肥不合理，土壤性状变差导致板结。

②大水漫灌导致土壤板结（图4-185）。

③耕作过浅。大棚栽培条件下，由于空间的限制，土壤的耕作只能利用小型旋耕机进行，旋耕深度较浅，仅有10cm左右，连续多年多季旋耕作业之后，加之相关农艺技术不配套，使耕地形成坚硬的

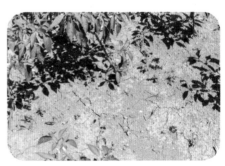

▶图4-185　辣椒地土壤板结现象

犁底层，导致耕作层越来越浅，最终形成严重的土壤板结。

（2）土壤板结综合防治方法

①合理施肥　腐殖质是形成团粒结构的主要成分，而腐殖质主要是依靠土壤微生物分解有机质得来的。因此，提高团粒结构的数量需向土壤补充足量的有机质，使用底肥时加大优质有机肥的用量。如粉碎的秸秆、玉米芯、花生壳等，以及禽畜粪肥中牛羊粪有机质含量高，是改良土壤板结的首选，而鸭猪粪

含水大，氮、磷含量较高，不宜过多使用。一般在作物定植前 20 ~ 30d，每亩施用 1000kg 秸秆，灌足水，铺上地膜，并盖严棚膜闷棚，可明显提高土壤的孔隙度，使耕层容量下降，土壤疏松，水稳性团粒含量明显增加。

增施生物菌肥还可快速补充土壤中的有益菌，恢复团粒结构，消除土壤板结。化学肥料的施用要立足土壤测试，测土配方，合理补充。

②科学灌水　大棚栽培宜采用膜下滴灌或微喷灌模式。

③适度深耕　大棚栽培受空间的限制，大型机械无法进入，耕翻最好人工进行，深度 40cm 左右。

④用养结合　通过合理的作物布局和轮作倒茬，合理搭配养分需求特点不同的作物。

⑤施用土壤改良剂　如腐殖酸土壤调理剂。

五、气体

设施作物是设施的主体，根据设施内气体对作物是有益还是有害，可将气体分为有益气体和有害气体两种。

1. 有益气体

主要指的是 CO_2 和 O_2。光合作用是作物生长发育的物质能量基础，而 CO_2 是绿色植物进行光合作用的重要原料之一。在自然环境中，CO_2 的浓度为 300 μL/L 左右，能维持作物正常的光合作用。各种作物对 CO_2 的吸收存在补偿点和饱和点。在一定条件下，作物光合作用吸收的 CO_2 量和呼吸作用放出的 CO_2 量相等，此时的 CO_2 浓度称为 CO_2 补偿点；随着 CO_2 浓度升高光合作用也会增强，当 CO_2 浓度增加到一定程度，光合作用不再增强，此时的 CO_2 浓度被称为 CO_2 饱和点。CO_2 长时间维持饱和浓度可对绿色植物光合系统造成破坏而降低光合效率。把低于饱和浓度可长时间保持较高光合效率的 CO_2 浓度称为最适 CO_2 浓度，最适 CO_2 浓度一般为 600 ~ 800 μL/L。

同样，作物生命活动需要 O_2，尤其在夜间，光合作用因为黑暗的环境而不再进行，呼吸作用则需要充足的 O_2。地上部分生长所需的氧来自空气，而地下部分根系的形成，特别是侧根及根毛的形成，需要土壤中有足够的 O_2，否则根系会因为缺氧而窒息死亡。此外，在种子萌发过程中必须要有足够的 O_2，否则会因酒精发酵毒害种子使其丧失发芽力。

补充 CO_2 称为 CO_2 施肥，作为黄瓜、番茄、辣椒、茄子、西瓜、甜瓜、草莓栽培的常规技术，可增加产量、改善品质。二氧化碳施肥的方法有 CO_2 发生器、固体 CO_2 等。土壤中增施有机肥，1t 有机物能释放出 $1.5tCO_2$，在地面盖稻草、麦糠及地下酿热物均可以增加 CO_2 浓度。加强通风，亦能增加 CO_2 浓度。

2. 有害气体

（1）气害的种类与表现　有害气体主要指的是氨气、二氧化氮、一氧化碳、亚硫酸、二氧化硫、乙烯、邻苯二甲酸二异丁酯等气体。设施具有半封闭性，在低温季节，温室大棚经常密闭保温，很容易积累有毒气体造成危害。

①氨气　氨气主要来自未腐熟粪肥、饼肥、鱼肥、尿素及碳酸氢铵。当大棚内氨气太多时，植株叶片先端会产生水渍状斑点，继而变黑枯死（图4-186、图4-187），一般发生在施肥后几天。番茄、黄瓜对氨气反应敏感。

▶ 图4-186　黄瓜叶氨害白斑　　　　　▶ 图4-187　豇豆叶氨害下卷白斑

②二氧化氮　过量施用化肥，在强酸性环境中经亚硝酸细菌作用，使二氧化氮挥发出来，当含量达2mg/kg蔬菜即受害，叶片出现褐斑或白斑。莴苣、黄瓜、番茄、茄子、芹菜对二氧化氮反应很敏感。当二氧化氮达2.5～3μL/L时，叶片发生不规则的绿白色斑点，严重时除叶脉外，全叶都被漂白。

③二氧化硫　是由燃烧含硫量高的煤炭或施用大量的肥料而产生的，如未经腐熟的粪便及饼肥等在分解过程中，也释放出大量的二氧化硫。二氧化硫对作物的危害主要是由于二氧化硫遇水（或湿度高）时产生亚硫酸，亚硫酸是弱酸，能直接破坏作物的叶绿体，轻者组织失绿白化，重者组织灼伤、脱水，萎蔫枯死。

④乙烯和氯气　大棚内乙烯和氯气的来源主要是使用有毒的农用塑料薄膜或塑料管。因为这些塑料制品选用的增塑剂、稳定剂不当，在阳光暴晒或高温下可挥发出来如乙烯、氯气等有毒气体，危害作物生长。受害作物叶绿体解体变黄，重者叶缘或叶脉间变白枯死。

（2）预防有害气体的办法

①合理施肥 大棚内避免使用未充分腐熟的厩肥、粪肥，要施用完全腐熟的有机肥。不施用挥发性强的碳酸氢铵、氨水等，少施或不施尿素、硫酸铵，可使用硝酸铵。施肥要做到基肥为主，追肥为辅，追肥要按"少施勤施"的原则，要穴施、深施，不能撒施，施肥后要覆土、浇水，并进行通风换气。

②通风换气 每天应根据天气情况，及时通风换气，排除有害气体。

③选用优质农膜 选用厂家信誉好、质量优的农膜、地膜。如果新棚膜水滴落到植株叶片上，造成植株危害以致枯死时，可将棚膜反转过来重新盖上即可消除危害。但是如果棚膜属流滴膜，盖膜有方向要求的除外，即按膜面上的文字提示覆盖即可。

④加强田间管理 经常检查田间，发现植株出现中毒症状时，应立即找出病因，因为气害发生不同于病害，一般没有中心发病植株，扩散速度快，危害面积大，一旦发现应及早采取针对性措施。如发现大棚蔬菜遭受二氧化硫危害，及时喷洒碳酸钡、石灰水、石硫合剂或0.5%合成洗涤剂溶液；黄瓜遭受氨气危害，在叶的反面喷洒1%食醋溶液，均有明显效果。同时加强中耕、施肥工作，促使受害植株恢复生长。

第五章

大棚蔬菜病虫害防治

农业措施防治病虫草害技术

蔬菜病虫害农业防治措施即通过栽培、管理措施，优化蔬菜生长发育环境条件，促进蔬菜健壮生长，提高蔬菜抗逆性；恶化病虫害繁殖、传播的环境条件，控制病虫害滋生繁殖、扩散蔓延，这种方法又称为绿色防控的生态调控技术。

一、轮作倒茬

各种病虫均有一定的适宜生存的生态条件，在适宜病虫发生的状态下，经过一定时间的累积，才会越积越多，危及作物的生长，作物抗性减弱，易诱发病虫害。当病虫赖以生存的环境条件在不可调节的时间内发生巨变，可消除由连作带来的病虫积累（含作物分泌的有毒物质、盐渍化累积），预防作物受害或中毒。

通常可通过水旱轮作栽培消毒法，中断病虫害与某些连作作物的寄生关系，在生产不休闲（或休闲）的状态下减灭病虫害、有毒物质，清洗盐渍化的累积。如在连续种植蔬菜、瓜果的保护地中，每间隔2～3年种植一次茭白（图5-1）、慈姑（图5-2）、莲藕（图5-3）等水生蔬菜或水稻（图5-4），能有效减轻土传病害的发生、杀灭旱地杂草种子、减轻盐渍化危害等。目前，水旱轮作在大棚蔬菜上应用的情形不多，但有条件的也可以采用，特别是对有盐渍化现象的大棚，建议采用。粮菜轮作，瓜类、茄果类蔬菜与葱、蒜、芹菜、甘蓝等轮作，可减轻猝倒、立枯、枯萎、溃疡、青枯、疫病和各种线虫病等土传病害。葱、蒜茬种大白菜，可以减轻软腐病。由于后茬作物生长良好，产量、产值均可补回，还可节省较多的防病治虫的人工和农药成本，农药残留也可得到较好的控制。

▶图5-1　与水生蔬菜茭白轮作

▶图5-2　与水生蔬菜慈姑轮作

▶图5-3　与水生蔬菜莲藕轮作

▶图5-4　与水生作物水稻轮作

二、清洁田园

　　蔬菜采收后，清收和处理各种农业生产废弃物。播种、定植前彻底清除前茬作物的残枝叶及田埂、沟渠、地边杂草等病虫寄主。生产过程中应及时拔除受害严重的植株，摘除被病虫为害严重的叶片、果实，清理田园中的农药瓶（图5-5）、肥料袋、废旧农膜（图5-6）等农业生产垃圾，消除病（虫）源及病虫害滋生场所，改善田园生态环境。

　　如白菜霜霉病以卵孢子在病叶内越冬，辣椒炭疽病菌在病残体的果实上越冬，清除这些病残体对减少下一个生长季节病原物的初侵染源起着重要作用。田边、路旁、沟渠、荒地等都是杂草（图5-7）容易栖息和生长的地方，是农田杂草的重要来源之一。农田杂草特别是多年生杂草多是一些病原物及害虫的主要栖息地，尤其是病毒病，杂草既可作毒源植物，又可作为传播介体蚜虫的寄主。如黄瓜花叶病毒的越冬杂草寄主有反枝苋、荠菜、刺儿菜等，这些杂草在春季发芽后，有翅蚜虫将病毒传到辣椒、番茄等蔬菜作物上。因此，铲除农田杂草（图5-8），可以减少病毒病的初侵染来源及传播介体，对病毒病的控制具有重要意义。

对蔬菜采收后的残体无害化处理，可通过多种方式实现，以杀灭残体中携带的各种病菌和害虫，减少病虫初侵染来源。

▶图5-5 田间的农药瓶等应除去

▶图5-6 清除大棚里的废旧农膜及杂草

▶图5-7 沟渠田边等杂草应除尽

▶图5-8 大棚四周的杂草铲除干净

1. 废旧棚膜高温密闭堆沤

在田间地头选择高于地面能够直接照射阳光的平坦地块，将植株残体集中堆放后覆盖透明塑料膜，四周用土压实，塑料膜有破损的需用透明胶带补好，保证阳光直接照射，进行高温密闭堆沤，春夏秋季均可完全杀灭蔬菜残体所带病虫。

2. 臭氧农业垃圾处理装置快速处理

利用移动式臭氧农业垃圾处理装置，对拉秧蔬菜等带病虫植物残体进行就地快速无害化处理。利用该装置在棚室附近将拉秧后带病虫的植株残体直接粉碎，并立即进行高浓度臭氧处理，使其所带病虫等有害生物快速被杀灭，处理后的无病虫有机废弃物就地还田利用。

▶图5-9 大棚深耕晒垡并洒石灰消毒

三、深翻晒垡

深翻晒垡，可将菜地土表病虫残体深埋土中促进腐烂，并将土中病虫翻出晒死或使其被天敌杀灭。必要时可适量撒些石灰进一步消毒（图5-9）。

四、嫁接栽培

茄果类和瓜类蔬菜要广泛使用嫁接防病技术，以黑籽南瓜或瓠瓜苗作砧木嫁接西瓜（图5-10、图5-11）、黄瓜，可有效预防枯萎病、疫病、白粉病等病菌侵染。

▶图5-10 西瓜嫁接后的状况

▶图5-11 适宜移栽的西瓜嫁接苗

五、选用抗（耐）病虫品种

在蔬菜病虫害防治方面，"防"比"治"更有效，而在防的措施中，选择抗性蔬菜品种在蔬菜生产过程中显得格外重要。应根据当地生产中病虫害发生情况，针对性选用抗性强的优良品种，充分利用蔬菜自身良好的抗病性、抗逆性抑制病虫危害。在众多蔬菜中，具有特殊气味的蔬菜，害虫一般不啃食，虫害发生少，如韭菜、大蒜、洋葱、莴笋、茼蒿、芹菜、胡萝卜等。

▶ 图 5-12　秋大白菜播期过早易感病毒病

六、调节播期

掌握适宜播期、调整播种期可以使作物的感病期与病原物的侵染发病期错开，使蔬菜易受病虫危害的时期避开病虫繁殖、扩散高峰期，从而避免或减轻病虫危害。

如大白菜苗期（六叶期）易感染病毒病（图 5-12），此时如遇有翅蚜迁入高峰，病害就会严重发生。因此要使大白菜苗期避开有翅蚜迁入高峰，而又不影响大白菜生长，就要选择适宜的播期。春秋种萝卜可减轻根蛆危害。马铃薯适当推迟播种，使结薯期避过高温期，可减轻疫病发生。

七、种子处理

在种植前对种子、种苗进行消毒处理，尽量减少种子、种苗带菌量或害虫的虫卵，其措施主要包括加热、冷冻、干燥、电磁波、超声波等物理防治方法抑制、钝化或杀死病原物或害虫，达到防治病虫害的目的。特别是气传病害、土传病害和病毒病害可以获得较好的控制。如温汤浸种，或干热处理，或选用有机蔬菜允许使用的植保产品浸种消毒等。

八、培育无病虫壮苗

种子、种苗带病或带虫是蔬菜病虫发生的最初来源。若生产中定植了带病虫的菜苗，蔬菜的整个生育期都会发生病虫为害。因此，要从苗期抓起，培育无病虫壮苗，包括选择粒大、饱满的种子和营养充足的土壤或基质育苗，认真对种子、土壤、育苗基质、苗棚表面进行消毒，应用防虫网和色板防控害虫。精做苗床、精细播种，及时间苗除草、去杂留纯、去弱留强。加强水、肥、气、热、光调控，适时蹲苗炼苗。选择茎节粗短、根系发达、无病虫危害、均匀一致、叶片大而厚、叶色浓绿的壮苗定植（图 5-13）。

▶ 图 5-13　及时定植健壮苗

九、科学施肥灌水

科学施肥与蔬菜的生长和病害的发生都有密切的关系，要因地制宜地确定肥料种类、数量、施肥方法和施肥时间。施用有机肥时应注意，在腐熟前有机质肥料中存在大量的病原物，如果没有腐熟，易造成肥害，并把大量的病原物带入田内。

控制灌水，在条件允许的情况下充分利用喷灌（图5-14）、滴灌（图5-15）、微灌（图5-16）等。田间沟渠配套，灌排条件好，可及时降低土壤湿度，发病就少。许多病虫疫情严重发生的主要条件是湿度得到满足，如灰霉病、疫病、霜霉病等，往往湿度越大病害越重。灌水方式也与病虫有密切的关系，如大水漫灌（图5-17）有利于细菌病害的扩散蔓延，在棚内采用滴灌法和暗灌可以降低小气候湿度，不利于病害的发生。利用滴灌技术、覆盖地膜技术可以有效地控制空气湿度，有效地防止疫情发生。

▶图5-14　大棚内微喷灌节水

▶图5-15　膜下滴灌的大白菜长势良好

▶图5-16　溪流喷射式微灌（示意）

▶图5-17　大棚芹菜漫灌易发灰霉病

十、加强田间管理

在大棚蔬菜种植中，在确保蔬菜商品规格化、标准化的前提下，确定用种量、株行距和种植密度，种植过密会造成果形小而不合规格，种植过稀会造成果形过大也不合规格。适时间苗定苗、中耕除草、起垄培土、整枝压蔓、搭架吊蔓、疏花疏果、灌溉排水、防霜防冻、调温控湿、通风补光，促进蔬菜健壮生长，提高蔬菜自身抗（耐）病虫能力。

十一、太阳能消毒

利用太阳热能和设施的密闭环境，提高设施环境温度，处理、杀灭土壤中病菌和害虫。适用于已连续栽培2年以上的保护地设施、密封性较好或能利用太阳热能升温消毒土壤的简易大中棚设施（含薄膜覆盖的露地）。选在7~8月高温季节，最佳时间选在气温达35℃以上的盛夏。当春茬作物采收后的换茬高温休闲期（如果春茬换茬时间过早，可选择栽培短期叶菜调节消毒季节），及时清除残茬，多施有机肥料，最好配合施用适量切细的稻草秸秆，每亩500~1000kg，切成3~4cm长，再加入腐殖酸肥（图5-18）后立即深翻土壤30cm（图5-19），每隔40cm左右做条状高垄，灌溉薄水层后（图5-20）密封关闭棚室（如遇棚室的膜有破损时，最好用透明胶带或薄膜修补胶将破损处封补，防止消毒热能外泄，增加密闭性，提高升温消毒效果，露地应用该技术可覆盖薄膜），消毒15~20d（图5-21），能优化土质。利用稻草秸秆发酵热能，提高升温效果、增加土表受热消毒面积，可使消毒土壤的温度升至55~70℃，杀死土壤中的各种病菌、害虫等有毒生物，加快病残体的分解。

▶图5-18 撒切碎稻草和有机肥或石灰氮等

▶图5-19 把稻草和肥料翻入土中

▶图 5-20　灌溉薄水层　　　　　▶图 5-21　盖上地膜或密闭大棚消毒

十二、高温闷棚

　　利用设施栽培便于控制调节小气候的特点，在早春至晚秋栽培季节，对处于生长期的作物，以关、开棚的简单操作管理，提高或降低温湿度的生态调节手段，对有害生物营造短期的不适环境，达到延迟或抑制病虫害的发生与扩展的目的。适用于在作物生长期的病虫发生初始阶段。高温闷棚温度的主要调节范围为 15 ~ 35℃，多数病虫害适宜发生温度为 20 ~ 28℃，靶标害虫主要是微型害虫，如蚜虫类、烟粉虱类、蓟马类、螨虫类、潜叶蝇类等。闷棚防治法在防病与防虫的操作上有共同点，也有较大的区别。适用于防病的是高温、降湿；而适用于防虫的是高温、高湿。所以应用闷棚防治法需要较高的管理水平，并应区分防控的主体靶标。

十三、多样性种植

　　建立平衡的生产体系模拟自然生态系统，增加栽种植物多样性是病虫防治的基本原理。多样性种植可以使害虫捕食者和寄生者更多，可以使寄主作物在空间分布上不像单作那样密集。采取多种类蔬菜的复合种植，其中叶菜类面积占 40%，茄果类占 20%，野菜占 20%，豆类占 20%。这种混合种植方法，既能满足市民对叶菜类蔬菜的要求，又能实施高矮作物、迟熟早熟作物、开花和不开花作物复合型种植，从而收到较好的防病治虫效果。在茄子中间套种小麦，由小麦吸引麦蚜，由麦蚜吸引食蚜天敌——七星、龟纹瓢虫、小花蝽等，小麦天敌转移至茄子，可消灭菜蚜为害。

物理防治病虫草害技术

利用器械、光、热、电、温度、湿度和声波等各种物理因素或方法防避、抑制、钝化、消除、捕杀有害生物的方法称为物理防治。目前主要推广应用的有频振式杀虫灯、LED新光源杀虫灯、诱虫色板（黄板、蓝板）、防虫网、无纺布、性诱剂、银灰膜避害等诱控技术。

一、频振式杀虫灯诱控技术

杀虫灯是利用昆虫对不同波长、波段光的趋性进行诱杀，可有效压低虫口基数，控制害虫种群数量。可诱杀蔬菜、玉米等作物上13目67科的150多种害虫，如鳞翅目害虫棉铃虫、甜菜夜蛾、斜纹夜蛾、二点委夜蛾、小地老虎、银纹夜蛾、玉米螟、豇豆荚螟、大豆食心虫等，鞘翅目害虫金龟子及茄二十八星瓢虫等，半翅目害虫盲蝽象等，直翅目害虫华北蝼蛄、油葫芦等。因电源的不同，可分为交流电供电式（图5-22）和太阳能供电式杀虫灯（图5-23）等。挂灯时间为4月底至10月底；诱杀鞘翅目、鳞翅目等害虫的适宜开灯时间为20时至次日2时。

▶图5-22 交流供电式频振式杀虫灯

▶图5-23 太阳能杀虫灯

使用中要使用集虫袋，袋口要光滑以防害虫逃逸。使用电压应为210～230V，雷雨天气尽量不要开灯。每天要对接虫袋和高压电网的污垢进行清理（图5-24），清理前一定要切断电源，顺网进行清理。太阳能杀虫灯在安装时要将太阳能板调向正南，确保太阳能电池板能正常接收阳光。蓄电池要经常检查，电量不足时要及时充电。频振式杀虫灯不能完全代替农药，应根据实际情况与其他防治方法相结合。

二、LED 新光源杀虫灯诱控技术

LED（发光二极管）新光源杀虫灯（图 5-25）是利用昆虫的趋光特性，设置昆虫敏感的特定光谱范围的诱虫光源，诱导害虫产生趋光、趋波兴奋效应而扑向光源，光源外配置高压电网杀死害虫，使害虫落入专用的接虫袋，达到杀灭害虫的目的。可诱杀以鳞翅目和鞘翅目害虫为主的多种类型的害虫成虫，如棉铃虫、小菜蛾、夜蛾、食心虫、地老虎、金龟子、蝼蛄等。通过白天太阳光照射到太阳能电池板上，将光能转换成电能并储存于蓄电池内，夜晚自动控制系统根据光照强度自动亮灯、开启高压电极网进行诱杀害虫工作。

开灯时间以害虫的成虫发生高峰期，每晚 19 时至次日 3 时为宜。安装时要将太阳能板面向正南，确保太阳能电池板能正常接收光照。蓄电池要经常检查，电量不足时要及时充电。使用 LED 杀虫灯不能完全代替农药，应根据实际情况与其他防治方法相结合。及时用毛刷清理高压电网上的死虫、污垢等，保持电网干净。

▶ 图 5-24　要经常清扫电网

▶ 图 5-25　LED 新光源杀虫灯

三、色板诱控技术

利用昆虫的趋色（光）性制作的各类有色黏板，为增强对靶标害虫的诱捕力，将害虫性诱剂、植物源诱捕剂或者性信息素和植物源信息素混配的诱捕剂组合，诱集、指引天敌于高密度的害虫种群中寄生、捕食，达到控制害虫、减免虫害造成作物产量和质量的损失，以及保护生物多样性的目的。

多数昆虫具有明显的趋黄绿的习性，特殊类群的昆虫对于蓝紫色有显著趋性。一些习性相似的昆虫，对有些色彩有相似的趋性。蚜虫类、粉虱类趋向黄色、绿色；叶蝉类趋向绿色、黄色；有些寄生蝇、种蝇等偏嗜蓝色；有些蓟马类偏嗜蓝紫色，但有些种类蓟马嗜好黄色；夜蛾类、尺蠖蛾类对于色彩比较暗淡的土黄色、褐色有显著趋性。色板诱捕的多是日出性昆虫，墨绿、紫色等色彩过于暗淡，引诱力较弱。色板与昆虫信息素的组合可叠加二者的诱效，在通常情况下，诱捕害虫、诱集和指引天敌的效果优于色板或者信息素。

色板上均匀涂布无色无味的昆虫胶，胶上覆盖防黏纸，田间使用时，揭去防黏纸，回收。诱捕剂载有诱芯，诱芯可嵌在色板上，或者挂于色板上。

1. 诱捕蚜虫

使用黄色黏板（图 5-26），秋季 9 月中下旬至 11 月中旬，将蚜虫性诱剂与黏板组合诱捕蚜虫，压低越冬基数。春、夏期间，在成蚜始盛期、迁飞前后，使用色板诱捕迁飞的有翅蚜，色板上附加植物源诱捕剂更好。在蔬菜地里，色板高过作物 15～20cm，每亩放 15～20 个。应用黄板诱杀的效益与化学防控相当。

▶图 5-26 黄瓜地里安装黄板诱蚜

2. 诱捕粉虱

使用黄色黏板，春季越冬代羽化始盛期至盛期，使用色板诱捕飞翔的粉虱成虫（图 5-27），或者在粉虱严重发生时，在成虫产卵前期诱捕孕卵成虫。蔬菜大棚内，20～30d 更换 1 次色板。色板上附加植物源诱捕剂效果更好。在蔬菜地里，色板高过作物 15～20cm，每亩放 15～20 个。

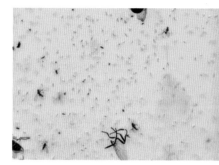

▶图 5-27 黄板诱杀白粉虱效果图

3. 诱捕蓟马

使用蓝色黏板或黄色黏板，在蓟马成虫盛发期诱捕成虫。使用方法同蚜虫类。

4. 诱捕蝇类害虫

使用蓝色黏板（图5-28）或绿色黏板，诱捕雌、雄成虫。菜地里色板高过作物15~20cm，每亩放置10~15个。

▶图5-28 员工在小白菜地里安装蓝板诱虫　▶图5-29 辣椒地里悬挂蓝板和黄板示意图

5. 注意事项

（1）黏虫板需要放置于合理的位置　黏虫板的位置不同，对害虫的杀灭效果也不一样。如在蔬菜栽培时，高温和低温季节，黏虫板要悬挂在靠近生长点的地方。而在夏季高温强光季节，应将大部分黏虫板放置于植株行间生长点以下15cm左右的位置。

（2）棚内黄、蓝板分布要均匀　拱棚中悬挂黏虫板时，通常采用黄蓝板相间的悬挂办法（图5-29），在主钢架上悬挂上蓝板，黄板可在蓝板之间悬挂，悬挂的高度可一致，也可使黄板稍高于蓝板。黏虫板全部悬挂在两侧放风口处，一般距离植株高度10~15cm。这样可同时诱杀粉虱、蓟马、螨虫、蚜虫等多种害虫。

（3）通过观察黏虫情况对棚内虫口数量做好预警　悬挂黏虫板对害虫进行黏杀仅仅是其功能之一，菜农还可通过观察黏虫板上黏杀的害虫种类及数量，对棚内害虫的发生情况进行"预警"。如很多进口的黏虫板都有固定大小的方格，便于统计虫口数量。通过观察黏虫板上黏杀的不同害虫的种类和数量，可以对棚室内的害虫发生趋势提前做好判断，便于采取多种措施对害虫进行控制。

四、防虫网应用技术

在保护地蔬菜设施上覆盖防虫网，基本上可免除甜菜夜蛾、斜纹夜蛾、菜青虫、小菜蛾、甘蓝夜蛾、银纹夜蛾、黄曲条跳甲、猿叶虫、蚜虫、烟粉虱、豆野螟、瓜绢螟等20多种主要害虫的为害，还可阻隔传毒的蚜虫、烟粉虱、蓟马、美洲斑潜蝇传播数十种病毒病，达到防虫兼控病毒病的良好经济效果。

根据期望阻隔的目标害虫的最小体型，选择合适的目数。一般生产上常选用的是30~40目的白色或有银灰条的防虫网，预防番茄黄化曲叶病毒病的防虫网必须为50目以上（防治烟粉虱）。在栽培上还兼有透光、适度遮光、抵御暴风雨冲刷和冰雹侵袭等自然灾害的特点，创造适宜作物生长的有利条件。

在害虫发生前覆盖防虫网，再栽培蔬菜才可减少农药的使用次数和使用量。为防止覆盖后防虫网内残存口发生意外为害，覆盖之前必须杀灭害虫，如清洁田园、清除前茬作物的残虫枝叶和杂草等的田间中间寄主，对残留在土壤中的虫、卵进行必要的药剂处理。

1. 主要覆盖法

一种是设施防虫网、膜结合，即保留设施大棚天膜不揭除，只在棚室四周的通风口及出入门口装上防虫网（图5-30），防虫网覆盖时网的四周应盖严、压牢，杜绝害虫从网隙中潜入网内，防止防虫网被风吹开或刮掉。

一种是全网覆盖（图5-31），在保护地设施少的地区，为扩种夏秋季半保护地叶菜，通过架设支架与拉托网绳，全覆盖防虫网栽培叶菜避虫。

▶ 图5-30　大棚棚头通风口覆盖防虫网

▶ 图5-31　防虫网全棚覆盖效果图

一种是双网（防虫网与遮阳网）配套使用，这种类型主要用在盛夏高温、强光照的条件下栽培，上面天网用遮阳网，阻挡强光降温，四周侧面用防虫网覆盖，防止害虫侵入为害。

2. 注意事项

害虫无孔不入，只要在农事操作、采收时稍有不慎，就会给害虫创造入侵的机会，要经常检查防虫网阻隔效果，及时修补破损孔洞。发现少量虫口时可以放弃防治，但在害虫有一定的发生基数时，应及时用药控害，防止错过防治适期。

五、遮阳网防病技术

遮阳网（图5-32～图5-34）主要用在夏秋炎热时期，高温干旱条件下遮阳降温，预防多种蔬菜病毒病。不同颜色的遮阳网透光率为30%～70%，其中黑色最低，为30%～50%。生产上遮阳网主要用于夏秋番茄黄化曲叶病毒病的预防和蔬菜苗期病毒病的预防。

▶ 图5-32　遮阳网覆盖遮阴育苗

▶ 图5-33　连栋大棚顶上盖遮阳网遮阴

▶ 图5-34　夏季遮阳网覆盖栽培辣椒

六、无纺布应用技术

保护地栽培应用农用无纺布保温幕帘后，可阻止滴露直接落在作物的叶茎上引发病害，并有在潮湿时吸潮、干燥时释放湿气的棚室微调作用，从而达到控制和减轻病害的发生与为害。在早春与晚秋，用于在作物上浮面覆盖（图5-35），可起到透光、透气、降湿、保温、阻隔害虫侵害，以及促进增产等作用。

无纺布可预防由保护地设施露滴引起的灰霉病、菌核病和低温冻伤引起的绵疫病、疫病等病害。兼用于防虫，可起到类似防虫网的作用，还兼有良好的保温、防霜冻作用。

▶ 图5-35　冬春浮面覆盖无纺布保温隔虫

在冬季、早春与晚秋，常用在设施的天膜下，安装保温防滴幕帘。白天拉开，增加棚室的透光度，兼释放已吸收的湿气；晚上至清晨拉幕保温、防滴、吸潮，起到辅助防病作用。

直接浮面覆盖应用在冬季、早春与晚秋保护设施或露地，可省去支架，达到保温、防霜冻、促进生长、增加产量、延后市场供应、辅助避虫等目的，与防虫网相比更具实用性，对新播种的秧苗有保墒促进发芽、培育壮苗的作用。

七、银灰膜避害控害技术

利用蚜虫、烟粉虱对银灰色有较强的忌避性，可在田间挂银灰色塑料条或用银灰地膜覆盖蔬菜来驱避害虫，预防病毒病。此法适用于夏、秋季蔬菜田，设施蔬菜田。

蔬菜田间铺设银灰色地膜避虫（图5-36），每亩铺银灰色地膜5kg，或将银灰色地膜裁成宽10～15cm的膜条悬挂于大棚内作物上部，高出植株顶部20cm以上，膜条间距15～30cm，纵

▶ 图5-36　玉米地铺银灰膜避蚜

横拉成网眼状，使害虫降落不到植株上。温室大棚的通风口也可悬挂成网状的银灰色地膜条。如防治白菜蚜虫，可在白菜播后立即搭0.5m高的拱棚，每隔15～30cm纵横各拉一条银灰色光塑料薄膜，覆盖18d左右，当幼苗6～7片真叶时撤棚定植。

八、性诱剂诱杀技术

通过药剂或诱芯释放人工合成的性信息化合物，缓释到田间，引诱雄虫至诱捕器，从而达到破坏雌雄交配、进行防治的目的。可诱杀斜纹夜蛾、甜菜夜蛾、小菜蛾、豆荚螟、棉铃虫、瓜实蝇等多种害虫。

在害虫羽化期，每亩菜地挂置盛有洗衣粉或杀虫剂水溶液的水盆3~4个（图5-37），水面上方1~2cm处悬挂昆虫性诱剂诱芯。近

▶ 图5-37 辣椒地里用水盆加性诱剂诱虫

几年来，不同的厂家已生产出诱捕器装置（图5-38、图5-39），使用时剪开包装袋的封口，取出诱芯以"S"形嵌入诱芯架的凹槽内，安装于对应诱捕器内，一亩地用1个诱芯，4~6周更换一次诱芯，及时清理诱捕器中的死虫。

▶ 图5-38 夜蛾类诱捕器

▶ 图5-39 船型诱捕器

第三节

生物防治病虫害技术

生物防治就是利用一种生物"对付"另一种生物的方法，它利用了生物物种间的相互关系，以一种或一类生物抑制另一种或另一类生物，以降低杂草和害虫等有害生物种群密度。它的最大优点是不污染环境，是农药等非生物防治病虫害方法所不能比的。生物防治的方法有很多，目前在蔬菜病虫害绿色防控中重点推广应用以虫治虫、以螨治螨、以菌治虫、以菌治菌、昆虫生长调节剂等生物防治关键措施。

一、利用植物制剂防治

充分利用某些植物制剂对某些病虫的独特杀灭能力控制病虫危害。如楝素（苦楝、印楝等提取物）、天然除虫菊素（除虫菊科植物提取液）、苦参碱及氧化苦参碱（苦参等提取物）、鱼藤酮类（如毛鱼藤）、蛇床子素（蛇床子提取物）、小檗碱（黄连、黄柏等提取物）、大黄素甲醚（大黄、虎杖等提取物）、植物油（如薄荷油、松树油、香菜油）、寡聚糖（甲壳素）、天然诱集和杀线虫剂（如万寿菊、孔雀草、芥子油）、天然醋（如食醋、木醋和竹醋）、菇类蛋白多糖（蘑菇提取物）以及部分自制植物源杀虫杀菌剂等。

二、以虫治虫

利用害虫的捕食性天敌和寄生性天敌防治害虫。如用捕食螨（图5-40）防治叶螨、用捕食螨防治蓟马、丽蚜小蜂防治烟粉虱等。

三、以菌治虫

利用细菌、病毒等防治蔬菜病虫害。可用天然除虫菊素、苏云金杆菌、白僵菌（图5-41）、烟碱、苦参碱等防治蚜虫、叶螨、斑潜蝇和夜蛾类害虫；用座壳孢菌剂防治白粉虱；用核型多角体病毒、颗粒体病毒防治菜青虫、斜纹夜蛾、甜菜夜蛾、棉铃虫。

▶ 图5-40　辣椒田释放捕食螨防治螨类害虫

▶ 图5-41　白僵菌防治甜菜夜蛾后产生虫瘟

四、以菌治病

以下几种防治病害的生物药剂在蔬菜生产上得到了推广应用，效果良好，如多黏类芽孢杆菌、蜡质芽孢杆菌、地衣芽孢杆菌、枯草芽孢杆菌、木霉菌、荧光假单胞杆菌、厚孢轮枝菌、淡紫拟青霉等。

五、熊（蜜）蜂授粉

使用熊蜂或蜜蜂对设施果菜授粉，替代植物生长调节剂，其花瓣会自然脱落，可降低灰霉病发生概率，减少烂果、烂瓜，降低畸形果率，提高果实口感和产品质量。应在作物 25% 以上的花开放后开始释放熊（蜜）蜂，同时注意确保棚室温度持续保持在 12～30℃之间。

第四节
矿物来源药剂防治技术

在以上途径都不能有效控制病虫害时，可以使用一些矿物来源产品和物质进行防治。不同的蔬菜运用不同的药剂进行防治。常使用的矿物来源植保产品有铜盐（硫酸铜、氢氧化铜、氧氯化铜、辛酸铜等）、石硫合剂、波尔多液、硫黄、石灰、高锰酸钾等。

第五节
蔬菜除草技术

蔬菜地杂草丛生，杂草除了与作物争肥夺水外，还与蔬菜作物争空间，导致生长过密，容易产生病害，并传播病毒病等，杂草也为害虫藏身和产卵提供了良好的栖息地。杂草防除主要是人工除草，关键是要勤除，开始工作量大些，到后来就越来越少了。除了人工除草，还可通过一些辅助措施减少杂草的为害。

一、人工除草

人工除草是通过人力拔出、割刈、锄草等措施来有效防除杂草的方法，也是一种最原始、最简便的除草方法。中耕除草针对性强，不但可以除掉行间杂草，而且可以除掉株间的杂草，干净彻底，技术简单，给蔬菜作物提供了良好的生长条件。但人工除草，无论是手工拔草，还是锄、犁、耙等应用于农业生产中的锄草，都很费工费时，劳动强度大，除草效率低。在蔬菜作物生长的整个过程中，根据需要可进行多次中耕除草，除草时要抓住有利时机除早、除小、除彻底，不得留下小草，以免引起后患。

二、加强栽培管理控草

通过采用限制杂草生长发育的栽培技术（如轮作、种绿肥、休耕等）控制杂草。播种前，清除作物种子中夹杂的杂草种子，有机肥要充分腐熟（有些有机肥里含有杂草种子）。前后作配置时，要注意到前作对杂草的抑制作用，为后作创造有利的生产条件。一般胡萝卜、芹菜等生长缓慢，抑制杂草的作用很小，葱蒜类、根菜类也易遭杂草危害，而南瓜、冬瓜等因生长期间侧蔓迅速铺满地面，杂草易于消灭，甘蓝、马铃薯、芜菁等抑制杂草的作用也较强。还可喷施酸度4%~10%的食醋，不但可以消除杂草，更有土壤消毒的效果，在杂草幼小时喷施效果较好。

行距较大的蔬菜作物，在生长的前期，可以在行间种植速生的叶菜类蔬菜，这样可以充分利用空地，防止杂草生长。

当菜田休闲时，种植一茬绿肥，可以防止杂草丛生，在绿肥未结籽前翻入土中作为肥料。一般夏季种植田菁、紫云英、豌豆、苜蓿、红花苕子、燕麦、大麦、小麦等，到春天未开花时耕翻入土，不仅可防止杂草生长，还能克服连作障碍。

三、机械除草

机械除草（图5-42）是利用各种形式的除草机械和表土作业机械切断草根，干扰和抑制杂草生长，达到控制和清除杂草的目的。机械中耕除草比人工中耕除草技术先进，工作效率高，但灵活性不高，一般在机械化程度比较高的农场采用这一方法，该方法适宜露地蔬菜清园除草。对于沟渠路旁的难除杂草，也可采用汽油机割草机（图5-43）先割掉地上部分，再采用黑膜覆盖的方法除草。

▶ 图5-42　机械除草

▶ 图5-43　汽油机割草机

1. 浅松除草

在播种前用浅松机进行机械浅松除草，松土深度 5～6cm。通过浅松，一年生的杂草 70% 左右被除死，剩下一些难除的杂草，苗期人工除草即可。

2. 旋耕或旋播灭草

在播种前用旋耕机进行浅旋灭草或播种时用旋耕播种机旋播灭草。旋耕或旋播的深度一般在 6～8cm。旋耕或旋播后，75% 左右的杂草都被旋死，剩下在苗期长出来的大草，人工除草即可。

3. 中耕除草

在苗期用中耕除草机或中耕施肥除草机进行中耕除草，对于浅根性作物中耕除草深度为 3～4cm，对于深根性作物中耕除草深度为 5～10cm。苗间除草 95% 以上，剩下苗带里的杂草人工除掉即可。此法适宜主要杂草第一次出苗高峰期过后，作物幼苗不易被土埋时，尽早趁晴天进行。需要进行第二次机械中耕除草的应在条播作物封垄前完成。

4. 深松除草

用深松机进行深松除草，主要针对深根性行距比较宽的作物如玉米等。深松除草深度一般在 25～30cm。苗间除草 95% 以上，剩下苗带里的杂草人工除掉即可。适宜期在秋季。

四、物理除草

利用水、光、热等物理因子除草。如用火燎法进行垦荒除草，用水淹法防除旱生杂草，用深色塑料薄膜覆盖土表遮光，以提高温度除草等。

1. 火力除草

火力除草是利用火焰或火烧产生的高温使杂草被灼伤致死的一种除草方法。火焰枪烫伤法除草，此法只有当作物种子尚未萌发或长得足够大时才可应用，并在杂草低于 3mm 时最有效。如种植胡萝卜，种子床应在播种前 10d 进行灌溉，促使杂草萌发，而在胡萝卜种子发芽前（播种后 5～6d），用火焰枪烧死杂草。

2. 电力和微波除草

电力和微波除草是通过瞬间高压（或强电流）及微波辐射等破坏杂草组织、细胞结构而杀灭杂草的方法。由于不同植物体（杂草或作物）中器官、组织、细胞分化和结构的差异，植物体对电流或微波辐射的敏感性和自组织能力的强弱不同。高压电流或微波辐射在一定的强度下，能极大地伤害某些植物，而对其他植物安全。

五、覆盖抑草

1. 秸秆覆盖抑草

秸秆覆盖不但可以起到保墒、保温、促根、培肥的作用，还具有抑草作用。将作物秸秆整株或铡成 3 ~ 5cm 长的小段，均匀地铺在植物行间和株间。覆盖量要适中，覆盖量过少起不到保墒增产作用；覆盖量过大，可能发生压苗、烧苗现象，并且影响下茬播种。每亩覆盖量约 400kg 左右，以盖严为准。秸秆覆盖还要掌握好覆盖期。如生姜应在播后苗期覆盖，9 月上中旬气温下降时揭除；夏秋大蒜可全生育期覆盖（图5-44）；夏玉米以拔节期覆盖最好。覆盖前要先将秸秆翻晒，覆盖后要及时防虫除草。

▶ 图 5-44　大蒜青蒜栽培全程覆盖秸秆抑草

▶ 图 5-45　大棚西葫芦黑色地膜覆盖抑草

2. 地膜覆盖抑草

采用地膜覆盖，杂草长出顶膜上烫伤至死。要提高地膜覆盖质量，一般覆盖质量好，杂草生长也少。盖地膜时要拉紧、铺平，以达到紧贴地面为度，如盖膜质量不好不仅易通风漏气，保温、保水、保肥效果差，还会促进杂草生长。近年来，生产上采用有色薄膜覆盖，不仅能有效抑制刚出土的杂草幼苗生长，而且通过有色膜的遮光能极大地削弱已有一定生长年龄的杂草的光合作用，在薄膜覆盖条件下，高温、高湿，杂草又是弱苗，能有效地控制和杀灭杂草，有色薄膜以黑色地膜覆盖抑草效果最好（图5-45）。

也可以采用其他的覆盖材料，比如用树叶、稻草、稻壳、花生壳、棉籽壳、木屑、蔗渣、泥炭、纸屑、布屑等材料覆盖地面都有防治杂草的效果。

这些材料在田间腐烂后又可增加土壤中的有机质。

　　值得注意的是，杂草控制不能采取全部清除的手段以达到田园十分干净的程度。全部清除既减少了田间生物多样性，也忽视了杂草可以带来的好处。杂草控制要以能达到与作物间协调平衡为度。低水平的杂草不会对作物造成经济威胁，低于经济阈值的杂草没有必要控制。

第六节
大棚蔬菜主要病虫害图示及药剂防治技术

一、蓟马

　　为害蔬菜的蓟马（图5-46～图5-60）主要有棕榈蓟马和烟蓟马两种，棕榈蓟马又称瓜蓟马、棕黄蓟马，主要为害黄瓜、冬瓜、<u>丝瓜</u>、西瓜、苦瓜、茄子、辣椒、豆类以及十字花科蔬菜；烟蓟马又称棉蓟马、葱蓟马，主要为害葱蒜类、马铃薯等蔬菜。蓟马在设施栽培环境条件下几乎周年发生，终年繁殖，但以夏、秋季为害最重。

▶图5-46　西花蓟马危害辣椒叶片状

▶图5-47　黄蓟马危害黄瓜叶片状

▶图5-48　端大蓟马危害豇豆叶片

▶图5-49　蓟马危害茄子叶片

▶ 图 5-50　黄蓟马危害黄瓜花器

▶ 图 5-51　端大蓟马为害豇豆花造成不孕

▶ 图 5-52　端大蓟马危害豇豆花器

▶ 图 5-53　西花蓟马危害辣椒花器

▶ 图 5-54　西花蓟马危害辣椒果实

▶ 图 5-55　葱蓟马危害大蒜叶茎

▶ 图 5-56　端大蓟马若虫危害豇豆荚

▶ 图 5-57　蓟马危害番茄果实

▶图5-58　黄蓟马危害黄瓜瓜条　　▶图5-59　端大蓟马为害豇豆豆荚

▶图5-60　蓟马危害荷兰豆荚　　▶图5-61　用蓝板诱杀蓟马

（1）物理防治　利用成虫趋蓝色、黄色的习性，在棚内设置蓝板（图5-61）、黄板诱杀成虫。

（2）生物防治　可选用2.5%多杀霉素水乳剂70~100g/L 60L喷雾，或0.36%苦参碱水剂400倍液、2.5%鱼藤酮400倍液等喷雾防治，每隔5~7d喷一次，连续喷施3~4次。

（3）化学防治　可选用10%噻虫螓水分散粒剂5000~6000倍液，或15%唑虫酰胺乳油1100倍液、40%啶虫脒水分散粒剂4000~6000倍液、24.5%高效氯氟菊酯·噻虫螓混剂2000倍液等喷雾防治，每隔5~7d喷一次，连续喷施3~4次。对药时适量加入中性洗衣粉或1%洗涤灵或其他展着剂、渗透剂，可增强药液的展着性。

二、甜菜夜蛾

甜菜夜蛾（图5-62~图5-74）又叫贪夜蛾、白菜褐夜蛾、玉米叶夜蛾、橡皮虫，属鳞翅目夜蛾科，除了为害甘蓝、青花菜、白菜、萝卜等十字花科蔬菜外，还为害莴苣、番茄、辣椒、茄子、马铃薯、黄瓜、西葫芦、豆类、茴香、韭菜、大葱、菠菜、芹菜、胡萝卜等多种蔬菜，是一种间歇性大发生的害虫。一般7~9月份为害较重，常和斜纹夜蛾混发。

▶ 图 5-62　甜菜夜蛾初孵幼虫群集为害豇豆嫩叶

▶ 图 5-63　甜菜夜蛾幼虫为害大蒜叶片

▶ 图 5-64　甜菜夜蛾幼虫为害辣椒植株

▶ 图 5-65　甜菜夜蛾幼虫为害茄子叶片

▶ 图 5-66　甜菜夜蛾幼虫为害菜心

▶ 图 5-67　甜菜夜蛾幼虫为害小白菜

▶ 图 5-68　甜菜夜蛾幼虫钻蛀大葱叶管

▶ 图 5-69　甜菜夜蛾成虫

▶ 图 5-70　甜菜夜蛾卵

▶ 图 5-71　甜菜夜蛾黑褐色型幼虫

▶ 图 5-72　甜菜夜蛾黄褐色型幼虫

▶ 图 5-73　甜菜夜蛾绿色型幼虫

▶ 图 5-74　甜菜夜蛾蛹

▶ 图 5-75　太阳能杀虫灯诱杀甜菜夜蛾等害虫

（1）物理防治 在每年发生初期，应用甜菜夜蛾性诱剂。利用甜菜夜蛾的趋光性，可在田间用黑光灯、高压汞灯及频振式杀虫灯（图5-75）诱杀成虫，降低虫口密度。

（2）生物防治 甜菜夜蛾二至三龄幼虫盛发期，每亩用20亿PIB/mL甜菜夜蛾核型多角体病毒悬浮剂75～100mL，或300亿PIB/g甜菜夜蛾核型多角体病毒水分散粒剂4～5g，对水30～45L喷雾，用药间隔期5～7d，每代次连续2次。

（3）化学防治 可选用5%氯虫苯甲酰胺悬浮剂1000倍液，或10%虫螨腈悬浮剂1000～1500倍液、240g/L甲氧虫酰肼悬浮剂2000倍液、150g/L茚虫威悬浮剂3000倍液、50g/L虱螨脲乳油1000倍液等喷雾防治。

三、小菜蛾

小菜蛾（图5-76～图5-82）又称菜蛾、方块蛾，其幼虫称为小青虫、两头尖、扭腰虫。属鳞翅目菜蛾科，露地、保护地都可发生，主要为害甘蓝、紫甘蓝、青花菜、花椰菜、芥菜、菜心、白菜、油菜、萝卜等十字花科植物。在南方以3～6月和8～11月为发生盛期，且秋季重于春季。

▶ 图5-76 小菜蛾幼虫为害甘蓝

▶ 图5-77 小菜蛾低龄幼虫为害甘蓝叶成天窗状

▶ 图5-78 小菜蛾幼虫为害大白菜叶球致腐烂

▶ 图5-79 小菜蛾成虫微距图

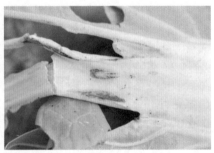

▶图 5-80　小菜蛾茧及蛹微距图（初期）　▶图 5-81　小菜蛾茧及蛹（后期）

▶图 5-82　小菜蛾幼虫微距图

（1）物理防治　可用杀虫灯、黄板复合植物源诱剂诱杀成虫。

（2）生物防治　在低龄幼虫发生高峰期，选用高含量苏云金杆菌菌粉 8000 ~ 16000IU（国际单位），每亩用 100 ~ 200g 或 500 ~ 1000 倍液喷雾。

（3）化学防治　在卵孵盛期至一、二龄幼虫高峰期施药。可选用的化学仿生物农药有 5%氯虫苯甲酰胺悬浮剂 1000 倍液，或 20%氟虫双酰胺水分散粒剂 3000 倍液、240g/L 氰氟虫腙悬浮剂 500 ~ 600 倍液、25g/L 多杀霉素悬浮剂 1000 倍液等喷雾防治。

四、斜纹夜蛾

斜纹夜蛾（图 5-83 ~ 图 5-95）又名莲花夜蛾、莲纹夜盗蛾、五花虫、花虫等。属鳞翅目夜蛾科，是一种食性很杂的暴食性害虫，可为害包括十字花科蔬菜、瓜类、茄果类、豆类、葱、韭菜、菠菜、莲藕、水芹菜以及粮食、经济作物等近 100 科的 300 多种植物。

▶ 图 5-83　斜纹夜蛾幼虫为害茄子果实

▶ 图 5-84　斜纹夜蛾幼虫群集为害芋叶

▶ 图 5-85　斜纹夜蛾低龄幼虫为害豇豆叶片成透明状

▶ 图 5-86　斜纹夜蛾低龄幼虫为害姜叶成透明状

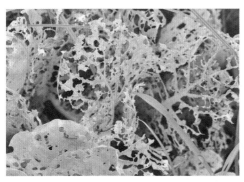
▶ 图 5-87　斜纹夜蛾幼虫食害小白菜叶片成缺刻状

▶ 图 5-88　斜纹夜蛾高龄幼虫食害蕹菜成光秆状

▶ 图 5-89　斜纹夜蛾成虫侧面

▶ 图 5-90　斜纹夜蛾成虫背面

▶ 图 5-91　斜纹夜蛾卵孵化过程中

▶ 图 5-92　紫苏叶片上的斜纹夜蛾一龄幼虫

▶ 图 5-93　蕹菜叶片上的斜纹夜蛾三龄幼虫

▶ 图 5-94　蕹菜叶片上斜纹夜蛾高龄幼虫

▶ 图 5-95　斜纹夜蛾蛹

▶ 图 5-97　太阳能杀虫灯诱杀斜纹夜蛾等害虫　　▶ 图 5-96　斜纹夜蛾性诱防治

（1）物理防治　使用斜纹夜蛾性诱剂诱杀成虫（图 5-96），效果较好。还可灯光诱杀成虫（图 5-97），从斜纹夜蛾年度发生始盛期开始至年度发生盛末期止，应用频振式杀虫灯，每天晚上开灯诱杀成虫。

（2）生物防治　从年度发生始盛期开始，掌握在卵孵高峰期使用 300 亿 PIB/g 斜纹夜蛾核型多角体病毒水分散粒剂 10000 倍液，每亩用量 8～10g，每代次用药 1 次。还可选用 2.5% 多杀霉素悬浮剂 1200 倍液、0.6% 印棟素乳油，每亩 100～200mL 喷雾防治，10～14d 喷一次，共喷 2～3 次。

（3）化学防治　可选用 5% 氯虫苯甲酰胺悬浮剂 1000 倍液，或 10% 虫螨腈悬浮剂 1000～1500 倍液、240g/L 甲氧虫酰肼悬浮剂 2000 倍液、150g/L 茚虫威悬浮剂 3000 倍液等喷雾防治。

五、烟粉虱

烟粉虱（图 5-98、图 5-99），又称棉粉虱、甘薯粉虱，俗称小白蛾，

▶图 5-98　烟粉虱成虫　　　　▶图 5-99　辣椒叶片受烟粉虱为害后产生的煤污

属同翅目粉虱科，为害番茄、黄瓜、西葫芦、茄子、豆类、十字花科蔬菜等多种蔬菜。

（1）生物防治　选用生物农药 1.5% 除虫菊素水剂 600～800 倍液、0.3% 印楝素乳油 1000 倍液、2.5% 鱼藤酮 700 倍液等喷雾防治。

（2）化学防治　若菜苗虫量稍高，可用安全药剂 25% 噻嗪酮可湿性粉剂 1000～1500 倍液，或 240g/L 螺虫乙酯悬浮剂 2000～3000 倍液、10% 烯啶虫胺水剂 1000～2000 倍液、3% 啶虫脒乳油 1500～2000 倍液等喷雾防治。

六、黄曲条跳甲

黄曲条跳甲（图 5-100～图 5-104），别名菜蚤子、地蹦子、土跳蚤、黄跳蚤、黄条跳甲等，属鞘翅目叶甲科。主要为害甘蓝、花椰菜、白菜、萝卜等十字花科蔬菜，也能为害茄果类、瓜类和豆类蔬菜。

▶图 5-100　黄曲条跳甲危害小白菜　▶图 5-101　黄曲条跳甲幼虫为害菜心根茎
叶片

▶ 图 5-102　黄曲条跳甲危幼虫啃食萝卜根茎后留痕

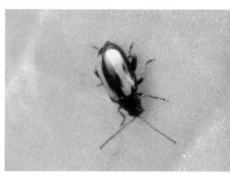

▶ 图 5-103　黄曲条跳甲成虫微距

▶ 图 5-104　黄曲条跳甲幼虫放大

▶ 图 5-105　田间用黄板诱杀黄曲条跳甲成虫

（1）物理防治　在菜园边设防虫网或建立大棚，防止外来虫源的迁入。利用成虫的趋光性，在菜畦床上插黄板（图 5-105）或白板，或晚上开黑光灯，诱杀成虫。或在菜畦床上铺地膜。

（2）生物防治　可每亩用 100 亿坚强芽孢杆菌可湿性粉剂 400～1200g 对水浇灌根部。或用 0.65% 茴蒿素水剂 500 倍液，或 2.5% 鱼藤酮乳油 500 倍液、1% 印楝素乳油 750 倍液、3% 苦参碱水剂 800 倍液等喷雾防治。

（3）化学防治

①苗床处理　30% 氯虫·噻虫嗪悬浮剂每亩 27.8～33.3g，对水 60L 喷淋或灌根处理。种子包衣处理能够保护幼苗不受黄曲条跳甲幼虫为害，可选 70% 噻虫嗪种子处理可分散粉剂。

②土壤处理　在整地时，每亩撒施 3% 辛硫磷颗粒剂 1.0～1.5kg，可杀死幼虫和蛹。在幼龄期用 50% 辛硫磷乳油 2000 倍液灌淋根，也可每亩撒施 3% 辛硫磷颗粒剂 1.5～2.0kg，可杀死幼虫。

③喷雾防治　防治成虫时，尽可能做到大面积同一时间进行。可选用 80%敌敌畏乳油 1000 倍液，或 50%阿维·吡虫啉乳油 1000 倍液、5%氟虫脲乳油 1000～2000 倍液、2.5%多杀霉素 2000 倍液等喷雾防治。

七、蚜虫

蚜虫俗称蚰虫。蚜虫的种类非常多，有桃蚜、棉蚜、瓜蚜、萝卜蚜等 40 多种（图 5-106～图 5-116）。几乎能以所有的蔬菜作物为寄主植物，但主要寄主是瓜类、茄果类、十字花科蔬菜。从上半年 3 月份起，随着气温的回升，蚜虫开始为害作物，并于 4 月中旬至 6 月上中旬达到高峰，下半年蚜虫的为害高峰为 8 月下旬至 11 月上旬。

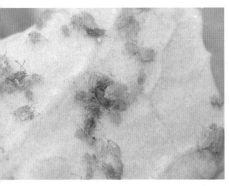

▶ 图 5-106　菜蚜危害小白菜

▶ 图 5-107　扁豆叶片背面密集的豆蚜无翅蚜和若蚜

▶ 图 5-108　扁豆嫩茎尖上的豆蚜无翅蚜成虫

▶ 图 5-109　豆蚜为害蚕豆嫩茎叶后叶片卷曲状

▶ 图 5-110　豆蚜为害菜豆后分泌蜜露引起的霉污

▶ 图 5-111　杀虫剂防治菜豆上豆蚜后的虫尸

▶ 图 5-112　蚕豆上豆蚜有翅蚜和若蚜

▶ 图 5-113　黄花菜蚜虫为害花蕾

▶ 图 5-114　桃蚜聚集在榨菜叶片背面

▶ 图 5-115　莴苣指管蚜成虫特写

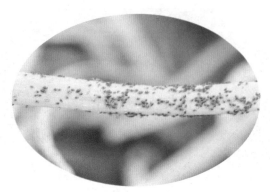

▶图5-116　葱蚜

▶图5-117　菜青虫危害甘蓝叶片状

▶图5-118　菜粉蝶成虫

（1）物理防治　利用蚜虫趋黄性，在大田或大棚内挂黄板诱杀。

（2）生物防治　可选用10%烟碱乳油500~1000倍液，或1%苦参碱可溶性液剂每亩50~120g喷雾防治。

（3）化学防治　早期，可选用25%噻虫嗪水分散粒剂1000~1500倍液对幼苗进行喷淋。后期可选用24.7%高效氯氟氰菊酯＋噻虫嗪微囊悬浮剂1500倍液，或10%醚菊酯悬浮剂1500~2000倍液、2.5%高效氟氯氰菊酯水剂1500倍液、40g/L螺虫乙酯悬浮剂4000~5000倍液、10%烯啶虫胺水剂3000~5000倍液、10%氟啶虫酰胺水分散粒剂3000~4000倍液等喷雾防治。

八、菜粉蝶

菜粉蝶（图5-117~图5-122），别名菜白蝶、白粉蝶，菜粉蝶的幼虫称为菜青虫。主要为害甘蓝、紫甘蓝、花椰菜、青花菜、芥蓝、球茎甘蓝、抱子甘蓝、羽衣甘蓝、白菜、萝卜等十字花科蔬菜，尤其是含有芥子甙、叶表面光滑无毛的甘蓝和花椰菜的主要害虫。

▶图 5-119 菜粉蝶卵块

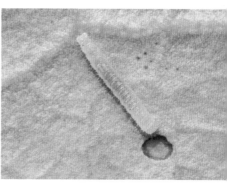

▶图 5-120 菜粉蝶低龄幼虫为害叶片

▶图 5-121 菜粉蝶高龄幼虫为害叶片

▶图 5-122 菜粉蝶蛹

（1）物理防治 用防虫网全程覆盖栽培。

（2）生物防治 可在菜青虫发生盛期用每克含活孢子数 100 亿以上的青虫菌粉剂 500 ~ 1000 倍液，或 10000PIB/mg 菜青虫颗粒体病毒·16000IU/mg 苏云金芽孢杆菌可湿性粉剂 800 ~ 1000 倍液、16000IU/mg 苏云金芽孢杆菌可湿性粉剂 1000 ~ 1500 倍液等喷雾防治，10 ~ 14d 喷一次，共喷 2 ~ 3 次。

（3）化学防治 可选用 10% 氯氰菊酯乳油 1000 倍液，或 10% 醚菊酯悬浮剂 1000 ~ 1500 倍液、5% 定虫隆乳油 2000 倍液、20% 杀灭菊酯乳油 300 倍液等喷雾防治。

虫口密度大，虫情危急时，可选用 2.5% 溴氰菊酯乳油 2000 ~ 3000 倍液、10% 高效氯氰菊酯乳油 1500 倍液、20% 氟虫双酰胺水分散粒剂 3000 倍液、15% 唑虫酰胺乳油 1000 ~ 1500 倍液等喷雾，7 ~ 10d 喷一次，共喷 2 ~ 3 次。

九、瓜实蝇

瓜实蝇（图5-123～图5-128）别名黄蜂子、针蜂等，幼虫称为瓜蛆，属双翅目，实蝇科。我国发生较多的有两种：瓜实蝇和南亚果实蝇。主要危害瓜类、茄果类、豆类蔬菜，世代重叠，次年4月开始活动，以5～6月为害最重。

▶ 图5-123 瓜实蝇在苦瓜果实上的产卵孔

▶ 图5-124 瓜实蝇幼虫为害苦瓜果实致腐烂变臭

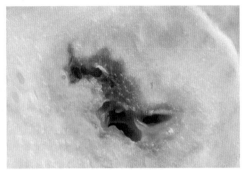

▶ 图5-125 瓜实蝇幼虫为害丝瓜果肉

▶ 图5-126 瓜实蝇成虫在丝瓜上的产卵孔及流胶现象

▶ 图5-127 瓜实蝇成虫在丝瓜条下密集

▶图 5-128　瓜实蝇幼虫微距　　　　　　▶图 5-129　黄板诱捕瓜实蝇

（1）物理防治　用性诱剂进行诱捕，针蜂雄虫性引诱剂（针蜂净）诱杀。目前，一种新型蛋白诱剂——猎蝇饵剂（简称 GE-120）广泛用于瓜实蝇的防治。还可设置"黏蝇纸"诱杀（图 5-129）。或使用"稳黏"昆虫物理诱黏剂诱杀。

（2）化学防治　在成虫初盛期，选中午或傍晚及时喷药，可选用 90% 晶体敌百虫 1000 倍液，或 1.8% 阿维菌素乳油 2000 倍液、60% 灭蝇胺水分散剂 2500 倍液、3% 甲维盐微乳剂 3000～4000 倍液等喷雾防治。对落瓜附近的土面喷淋 50% 辛硫磷乳油 800 倍液稀释液，可以防蛹羽化。

十、黄守瓜

黄守瓜（图 5-130～图 5-140）通常指黄守瓜黄足亚种，别名守瓜、黄虫、黄萤等，属鞘翅目叶甲科，喜食菜瓜、黄瓜、丝瓜、苦瓜、西瓜等葫芦科蔬菜，也危害十字花科、豆科、茄科蔬菜。是瓜类苗期毁灭性害虫。

▶图 5-130　黄足黄守瓜成虫为害南瓜幼苗　　▶图 5-131　黄足黄守瓜成虫为害黄瓜叶片

▶ 图 5-132 黄足黄守瓜成虫为害严重时食尽黄瓜叶肉

▶ 图 5-133 黄足黄守瓜成虫为害丝瓜花器

▶ 图 5-134 黄足黄守瓜幼虫蛀食丝瓜根茎处

▶ 图 5-135 幼虫为害黄瓜根茎

▶ 图 5-136 黄守瓜幼虫钻蛀黄瓜根茎剖面图

▶ 图 5-137 为害黄瓜根茎后导致失收

▶ 图5-138　黄足黄守瓜幼虫蛀食丝瓜根茎后地上部叶片枯萎

▶ 图5-139　黄守瓜幼虫微距图

（1）物理防治　趁早上露水未干时，在瓜类蔬菜植株的根际土面上铺一些能驱避黄守瓜成虫的草木灰、生石灰（图5-141）、烟草粉、黑籽南瓜枝叶、艾蒿枝叶等，驱避成虫在瓜类蔬菜植株根部产卵。

（2）生物防治　可选用0.5%印楝素乳油600~800倍液，或2.5%鱼藤酮乳油500~800倍液等防治成虫。

（3）化学防治

①喷雾防治成虫　可选用40%氰戊菊酯乳油8000倍液，或4.5%高效氯氰菊酯微乳剂2500倍液、20%氰戊菊酯乳油3000倍液、24%甲氧虫酰肼悬浮剂2000~3000倍液、20%虫酰肼悬浮剂1500~3000倍液等防治成虫。

②灌根防治幼虫　6~7月，如发现有幼虫钻入根内或咬断植株根部，及时根际灌药，可选用90%敌百虫晶体1500~2000倍液、50%辛硫磷乳油1000~1500倍液、5%氯虫苯甲酰胺悬浮剂1500倍液、24%氰氟虫腙悬浮剂900倍液、10%虫螨腈悬浮剂1200倍液等。7~10d 1次，交替使用。

▶ 图5-140　黄足黄守瓜成虫在黄瓜叶面上交配

▶ 图5-141　在黄瓜叶面撒生石灰驱黄足黄守瓜成虫

十一、红蜘蛛

红蜘蛛（图5-142~图5-144），俗称红蛐、蛐虱子、朱砂叶螨。属多食性害螨，以茄果类、瓜类和豆类蔬菜为主要寄主。4月中下旬开始为害大棚内的茄果类、瓜类蔬菜。

▶ 图5-142 朱砂叶螨危害叶用莴苣

▶ 图5-143 朱砂叶螨为害茄子叶片

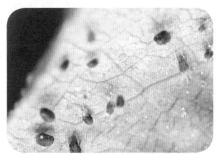

▶ 图5-144 朱砂叶螨成螨微距图

（1）生物防治 可用99%矿物油200倍液加1%苦参碱·印楝素，或0.3%苦参碱水剂400倍液等进行虫害防治。

（2）化学防治 及时进行检查，当点片发生时即进行挑治，可选用5%氟虫脲乳油1000~2000倍液，或73%炔螨特乳油2000~2500倍液、20%四螨嗪悬浮剂2000~2500倍液、1%阿维菌素乳油2500~3000倍液、5%噻螨酮乳油1500~2500倍液、15%哒螨灵乳油1500~2000倍液、240g/L螺螨酯悬浮剂4000倍液等喷雾防治，7~10d喷一次，共喷2~3次，重点喷洒植株上部嫩叶背面，及嫩茎、花器、生长点及幼果等部位。

十二、茶黄螨

茶黄螨又称黄茶螨、茶嫩叶螨、茶半跗线螨、侧多食跗线螨，俗称阔体螨、白蜘蛛（图5-145~图5-151），为世界性害螨。可危害辣椒、茄子、番茄、马铃薯、菜豆、豇豆、黄瓜、丝瓜、苦瓜、萝卜、芹菜、落葵、茼蒿等蔬菜作物，大棚茄子、辣椒、番茄等受害最重。在南方，6月下旬降雨偏多，7~8月雨日较多，雨量适中的条件下，露地蔬菜茶黄螨发生量大，果蔬被害率高，以7~8月受害最重。

▶ 图 5-145　茶黄螨为害辣椒植株田间似发病毒病

▶ 图 5-146　茶黄螨为害辣椒叶片正面

▶ 图 5-147　茶黄螨为害辣椒叶片，背面成油渍状

▶ 图 5-148　茶黄螨为害辣椒生长点

▶ 图 5-149　茶黄螨为害辣椒果实

▶ 图 5-150　采收回来的辣椒果实被茶黄螨为害呈木栓状

▶ 图 5-151　茶黄螨为害茄子果实成开花馒头状

▶ 图 5-152　辣椒田用捕食螨防治茶黄螨效果好

（1）生物防治　可在田间放捕食螨（图 5-152），或选用 0.3% 印楝素乳油 800～1000 倍液、2.5% 羊金花生物碱水剂 500 倍液、45% 硫黄胶悬剂 300 倍液、99% 机油（矿物油）乳剂 200～300 倍液等喷雾防治。

（2）化学防治　可选用 1.8% 阿维菌素乳油 2000～3000 倍液，或 10% 阿维·哒螨灵可湿性粉剂 2000 倍液、3.3% 阿维·联苯菊酯乳油 1000～1500 倍液、5% 唑螨酯悬浮剂 2000 倍液、15% 唑虫酰胺乳油 600～1000 倍液、24% 螺螨酯悬浮剂 4000～6000 倍液、20% 哒螨灵乳油 1500 倍液等喷雾防治。为提高防治效果，可在药液中混加增效剂或洗衣粉等，并采用淋洗式喷药。

十三、美洲斑潜蝇

美洲斑潜蝇（图 5-153、图 5-154）又称蔬菜斑潜蝇、蛇形斑潜蝇、甘蓝斑潜蝇等，以黄瓜、菜豆、番茄、白菜、油菜、芹菜、茼蒿、生菜等受害最重。

▶ 图 5-153　美洲斑潜蝇为害豌豆　　▶ 图 5-154　美洲斑潜蝇为害豇豆叶片

（1）生物防治　可选用 0.5% 苦参碱水剂 667 倍液，或 1% 苦皮藤素水乳剂 850 倍液、0.7% 苦楝素乳油 1000 倍液等喷雾处理。在幼龄期喷施 1.5% 除虫菊素水乳剂 600 倍液，连续 2～3 次。

（2）化学防治

①烟剂熏杀成虫　在棚室虫量发生数量大时，用 30% 敌敌畏烟剂 250～300g/ 亩，或 10% 氰戊菊酯烟剂熏杀，7d 左右一次，连续用 2～3 次。

②叶面喷雾杀幼虫　可选用 25% 噻虫嗪水分散粒剂 3000 倍液加 2.5% 高效氟氯氰菊酯水剂 1500 倍液混合喷施，或 50% 灭蝇胺可湿性粉剂 2000～3000 倍液、20% 乙基多杀菌素悬浮剂 1500 倍液、25% 噻虫嗪水分散粒剂 3000 倍液、70% 吡虫啉水分散粒剂 10000 倍液、10% 溴氰虫酰胺可分散油悬浮剂 3000 倍液等喷雾防治。

十四、豇豆荚螟

豇豆荚螟（图 5-155 ~ 图 5-161），又称豇豆螟、豇豆蛀野螟、豆荚野螟、豆野螟、豆螟蛾、豆卷野螟，俗称大豆钻心虫，属鳞翅目螟蛾科。主要为害豇豆、扁豆、菜豆、绿豆、大豆、小豆、刀豆等，以豇豆受害最重。每年 6 ~ 10 月为幼虫危害期。

▶ 图 5-155　豇豆荚螟幼虫钻蛀豇豆花

▶ 图 5-156　豇豆荚螟幼虫为害豇豆花造成落花

▶ 图 5-157　豇豆荚螟幼虫为害扁豆花后地上的落花

▶ 图 5-158　豇豆荚螟幼虫钻蛀入豇豆荚内

▶ 图 5-159　扁豆被豇豆荚螟幼虫为害后无商品性

▶ 图 5-160　豇豆荚螟成虫

（1）生物防治　每亩用16000IU/mg苏云金芽孢杆菌100～150g，可以引起豆荚螟幼虫很高的死亡率。在幼虫未入荚前喷洒白僵菌菌粉2～3kg，加细土4.5kg，控制效果很好。还可选用0.36%苦参碱可湿性粉剂1000倍液，或25%多杀霉素悬浮剂1000倍液、1.2%烟碱·苦参碱乳油800～1500倍液、10000PIB/mg菜青虫颗粒体病毒·16000IU/mg苏可湿性粉剂600～800倍液等生物制剂喷雾防治。

▶图5-161　豇豆荚螟幼虫

（2）化学防治　从现蕾后开花期开始喷药（一般在5月下旬～8月喷药），重点喷蕾喷花，严重为害地区，在结荚期每隔7d左右施药一次，最好只喷顶部的花，不喷底部的荚，喷药时间以早晨8时前花瓣张开时为好，或夜晚7～9时喷，隔10d喷蕾、花一次。可选用"80%敌敌畏乳油800倍液或2.5%氯氟氰菊酯乳油2000倍液或10%氯氰菊酯乳油1500倍液"+"5%氟啶脲乳油1500倍液或5%氟虫脲乳油1500倍液或5%除虫脲可湿性粉剂2000倍液或25%灭幼脲悬浮剂1000倍液"混合喷雾，效果较好。

十五、瓜绢螟

瓜绢螟（图5-162～图5-171），又名瓜螟、瓜野螟、瓜绢野螟，属鳞翅目，螟蛾科。是一种适应高温的害虫，主要危害黄瓜、丝瓜、苦瓜、冬瓜、西瓜等葫芦科蔬菜，还可为害番茄、茄子、马铃薯等。在长江以南，7～9月份为幼虫盛发期。

▶图5-162　瓜绢螟幼虫为害黄瓜嫩梢

▶图5-163　瓜绢螟低龄幼虫为害丝瓜叶片成灰白斑状

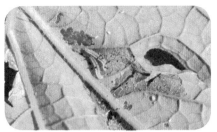

▶ 图 5-164　瓜绢螟低龄幼虫为害苦瓜叶片成灰白斑状

▶ 图 5-165　瓜绢螟幼虫为害丝瓜瓜条

▶ 图 5-166　瓜绢螟幼虫蛀入苦瓜的蛀孔

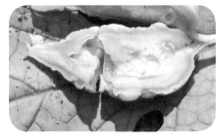

▶ 图 5-167　瓜绢螟幼虫为害苦瓜果肉

▶ 图 5-168　瓜绢螟末龄幼虫缀白丝化蛹状

▶ 图 5-169　瓜绢螟成虫

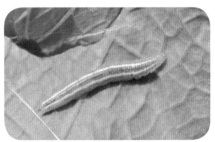

▶ 图 5-170　瓜绢螟幼虫微距图

▶ 图 5-171　瓜绢螟蛹

（1）物理防治　于成虫盛发期间在田间安装频振式杀虫灯或黑光灯诱杀成虫。

（2）生物防治　可选用 16000IU 苏云金杆菌可湿性粉剂 800 倍液，或用植物源农药 1% 印楝素乳油 750 倍液、2.5% 鱼藤酮乳油 750 倍液、3% 苦参碱水剂 800 倍液、10000PIB/mg 菜青虫颗粒体病毒 +16000IU/mg 苏云金可湿性粉剂 600 ~ 800 倍液等进行喷雾。

（3）化学防治　应掌握 1 ~ 3 龄幼虫期进行，可选用 10% 氟虫双酰胺悬浮剂 2500 倍液，或 20% 氯虫苯甲酰胺悬浮剂 5000 倍液、1% 甲维盐乳油 1500 倍液、15% 茚虫威悬浮剂 1000 倍液、24% 甲氧虫酰肼悬浮剂 1000 倍液、5% 丁烯氟虫氰乳油 1000 ~ 2000 倍液等喷雾防治。

十六、玉米螟

玉米螟（图 5-172 ~ 图 5-181）又称玉米钻心虫。是多食性害虫，寄主植物多达 200 种以上，但主要为害的作物是玉米、高粱、粟、番茄、青椒、彩椒、茄子、豆类、甘蓝、姜、甜菜等。

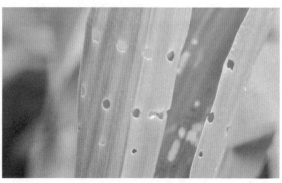

▶ 图 5-172　玉米螟危害大田玉米状　▶ 图 5-173　玉米螟为害叶片成整齐的小孔状

▶ 图 5-174　玉米螟为害雄穗　▶ 图 5-175　玉米螟幼虫为害花丝

▶图 5-176　玉米螟为害苞叶

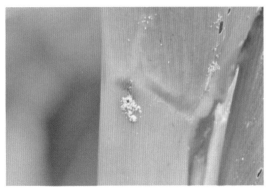
▶图 5-177　玉米螟幼虫蛀食茎部

▶图 5-178　玉米螟成虫

▶图 5-179　玉米螟卵

▶图 5-180　玉米螟幼虫

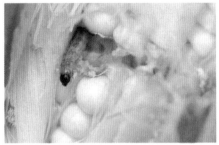
▶图 5-181　玉米螟幼虫危害玉米棒

　　（1）物理防治　可用性诱剂诱杀，或杀虫灯诱杀。

　　（2）生物防治　在玉米新叶末期至大喇叭口期，把 0.75kg 的白僵菌高孢粉和 80kg 河沙（土沙也可）混合搅拌，于大喇叭口期撒于玉米芯里即可。当灯诱成虫达到高峰期，且田间卵孵化率达到 30% 时，适时喷洒苏云金杆菌等生物制剂。一般在玉米大喇叭口期，每亩用50000IU/mg的苏云金杆菌可湿性粉剂25g喷雾。

（3）化学防治　在玉米心叶末期用0.1%氯氟氰菊酯颗粒剂，每株0.16g；或3%辛硫磷颗粒剂，按1∶15拌煤渣后，每株用药2g；或1.5%辛硫磷颗粒剂，每株用1g。

防治果穗上的玉米螟时，用20%氯虫双酰胺水分散粒剂3000倍液，或5%氯虫苯甲酰胺悬浮剂1200倍液、1.8%阿维菌素乳油1500倍液、5%氟虫脲乳油2500倍液灌注雌果穗。

十七、菜螟

菜螟（图5-182～图5-187）又名钻心虫、剜心虫、萝卜螟、甘蓝螟、掏心虫、白菜螟、菜心野螟等。菜螟幼虫危害期在5～11月间，但以秋季危害最重。

▶ 图5-182　菜螟幼虫为害萝卜心叶成吐丝结网状

▶ 图5-183　剥开受害萝卜叶柄可见菜螟幼虫

▶ 图5-184　菜螟为害大白菜幼苗造成无头苗

▶ 图5-185　菜螟为害大白菜幼苗造成钙化

▶ 图 5-186　菜螟为害苗期大白菜造成断垄缺苗　　▶ 图 5-187　菜螟幼虫放大图

（1）生物药剂　用含活孢子量 100 亿 /g 的苏云金杆菌乳剂、杀螟杆菌或青虫菌粉，对水 800 ~ 1000 倍，喷雾防治，在气温 20℃以上时使用，可以收到高效。还可选用 1% 印楝素乳油 750 倍液，或 2.5% 鱼藤酮乳油 750 倍液、3% 苦参碱水剂 800 倍液等喷雾防治。

（2）化学防治　初见幼苗心叶被害时，为防治适期的参考指标，施药时尽量喷到心叶上，一般喷洒 2 ~ 3 次。可选用 90% 晶体敌百虫 800 ~ 1500 倍液，或 20% 除虫脲、25% 灭幼脲悬浮剂中任意一种的 500 ~ 1000 倍液，10% 虫螨腈悬浮剂 1000 ~ 1500 倍液、50% 辛硫磷乳油 2000 ~ 3000 倍液、2.5% 氯氟氰菊酯乳油 4000 倍液、2.5% 溴氰菊酯乳油 3000 倍液等轮换喷雾防治。每隔 5 ~ 7d 喷一次，共喷 3 ~ 4 次。

十八、棉铃虫和烟青虫

棉铃虫（图 5-188 ~ 图 5-191）又名棉铃实夜蛾，烟青虫（图 5-192、图 5-193）又称烟夜蛾、烟实夜蛾。为害樱桃番茄、黄秋葵、结球莴苣、皱叶甘蓝、抱子甘蓝、甜瓜、扁豆、荷兰豆、甜豌豆、甜玉米、菜用大豆等蔬菜。

▶ 图 5-188　棉铃虫成虫　　　　　　　　　　▶ 图 5-189　棉铃虫幼虫蛀食番茄

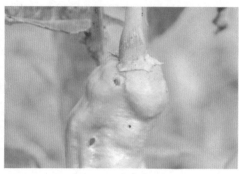

▶ 图 5-190 蛀入辣椒果内的棉铃虫幼虫

▶ 图 5-191 棉铃虫为害辣椒蛀孔

▶ 图 5-192 烟青虫蛀食辣椒易导致软腐病

▶ 图 5-193 烟青虫幼虫为害青椒

（1）生物防治　在卵孵化盛期，喷施苏云金芽孢杆菌乳剂等生物制剂200g/亩对棉铃虫有一定防治效果；也可用16000IU/mg苏云金芽孢杆菌可湿性粉剂每亩100～150g、20亿PIB/mL棉铃虫核型多角体病毒悬浮剂每亩50～60mL、100亿活孢子/g杀螟杆菌粉每亩80～100g、0.5%苦参碱水剂每亩75～90g等喷雾防治，每7～10d喷雾一次，连续2～4次。

（2）化学防治　当虫蛀果率达到2%以上时开始用药，一般在果实开始膨大时开始用药，可选用5%S-氰戊菊酯可湿性粉剂3000倍液，或1.8%阿维菌素乳油1000倍液、2.5%氯氟氰菊酯乳油2000～3000倍液、50g/L虱螨脲乳油700倍液、14%氯虫·高氯氟微囊悬浮剂2000～3500倍液、10%溴氰虫酰胺可分散油悬浮剂2500～3000倍液、5%氟苯脲乳油800～1500倍液等喷雾。注意农药使用安全间隔期。如果待3龄后幼虫已蛀入果内施药，效果很差。

十九、蛴螬

蛴螬（图 5-194 ~ 图 5-197）又名白地蚕、白土蚕、蛭虫、地漏子，是东北大黑鳃金龟的幼虫。几乎为害各种蔬菜作物。

▶ 图 5-194　蛴螬为害秋莴笋田造成缺苗断垄状

▶ 图 5-195　蛴螬为害韭菜根部状

▶ 图 5-196　蛴螬为害马铃薯块茎状

▶ 图 5-197　蛴螬放大图

（1）物理防治　人工捕杀。用黑光灯或黑绿单管双光灯（发出一半黑光一半绿光）诱杀成虫。糖醋液诱杀。性信息素诱杀。

（2）生物防治　生产上使用较多的防治蛴螬的病原真菌是布氏白僵菌和金龟子绿僵菌。每亩用卵孢白僵菌（每克含 15 亿 ~ 20 亿个孢子）2.5kg，拌湿土 70kg，于蔬菜幼苗移栽时施入土中。绿僵菌采用菌肥和菌土的施用方式，每亩用菌剂 2kg（每克含 23 亿 ~ 28 亿个孢子），虫口减退率可达 70% 左右。或每亩用苏云金杆菌乳剂 300g 配制毒土施用，毒土用量一般为 50kg 左右，防治效果在 20% ~ 78% 之间；配制毒饵的平均虫口减退率可达 65% 左右。或用 1.1% 苦参碱粉剂 2 ~ 2.5kg/ 亩，拌细土 50kg，中耕时撒入土中。

（3）化学防治　药剂浇灌或喷雾　每亩用50%辛硫磷乳油200～250g加水10倍喷于25～30kg细土上拌匀制成毒土，顺垄条施，随即浅锄，或将该毒土撒于种沟或地面，随即耕翻或混入厩肥中施用。

二十、小地老虎

小地老虎（图5-198～图5-201）又名土蚕、地蚕、黑土蚕、黑地蚕、切根虫，属鳞翅目夜蛾科。该虫只在幼虫阶段为害农作物，可为害所有蔬菜作物幼苗，以豆类、茄果类、瓜类、十字花科蔬菜受害最重。

▶ 图5-198　小地老虎幼虫为害豇豆造成断茎

▶ 图5-199　小地老虎幼虫为害辣椒苗造成缺苗断垄

▶ 图5-200　小地老虎成虫

▶ 图5-201　小地老虎幼虫微距（将辣椒苗咬成断茎）

（1）生物防治　于低龄幼虫盛发期，可用生物药剂苜核·苏云菌悬浮剂（苜蓿银纹夜蛾核型多角体病毒1000万PIB/mL、苏云金杆菌2000IU/mL）500～750倍液对蔬菜进行灌根，由于病毒可在病虫体内大量繁殖，并在土壤中传播和不断感染害虫，因此具有持续的控害作用。

（2）化学防治　可选用2.5%溴氰菊酯乳油3000倍液，或90%敌百虫晶体800倍液、50%辛硫磷乳油800倍液、10%虫螨腈悬浮剂2000倍液、20％氰戊菊酯 3000 倍液、20％氰戊·马拉松乳油 3000 倍液等喷雾防治。虫龄较大时，可用 80％敌敌畏乳油、50％辛硫磷乳油 1000～1500 倍液灌根。

二十一、蝼蛄

蝼蛄（图 5-202）又称土狗子、小蝼蛄、拉蛄、拉拉蛄等。属直翅目蝼蛄科，寄主以辣椒、黄瓜、菜豆、豇豆、茄子、番茄、扁豆等常规蔬菜为主。以蔬菜种子和幼苗为寄主。一般在清明前后上升到土表活动，在洞口可顶起一小土堆，并于 5～6 月达到最活跃的时期。

▶ 图 5-202　蝼蛄

采用化学防治。

①拌种　用 50％辛硫磷乳油 0.5kg，加水 20～25kg，拌种子 250～300kg，对地下害虫有效。或对种子用 30％多·福·克悬浮种衣剂（药种比 1：60～1：80）包衣处理。

②毒土　每亩用 50％辛硫磷乳油 100mL，加水 0.5kg，混入过筛的细干土 20kg 拌匀施用。

③毒饵诱杀　在蝼蛄主要发生为害期，每亩用 5kg 麦麸或菜饼、豆饼、花生饼、棉饼炒香，或者将 5kg 秕谷用水煮沸，捞起晾至半干，再用 90％敌百虫晶体或 50％辛硫磷乳油、40％乐果乳油 100～150g 对水 4～5kg 拌匀，分撒在蝼蛄活动的隧道处，也可每隔一定距离放一小堆，以诱杀成虫和若虫；如果在每亩所用药液中加入白酒 50g 和砂糖 250g，可大幅度提高防治效果。

④土壤处理　当蝼蛄发生为害严重时，每亩用 3％辛硫磷颗粒剂 1.5～2kg，对细土 15～30kg 混匀撒于地表，在耕耙或栽植前沟施毒土。苗床受害严重时，用 80％敌敌畏乳油 30 倍液灌洞灭虫。

二十二、蜗牛和蛞蝓

蜗牛（图 5-203～图 5-215）有灰巴蜗牛和同型巴蜗牛两种，蜗牛又名水牛。主要为害甘蓝、紫甘蓝、花椰菜、青花菜、白菜、萝卜、菠菜、苋菜、樱桃萝卜、辣椒、茄子、番茄、豆类、瓜类、薯类、玉米等。蛞蝓（图 5-216）为害茄科、十字花科、豆科等多种蔬菜及作物。

▶ 图 5-203　蜗牛为害甘蓝叶片

▶ 图 5-204　蜗牛为害大白菜叶球

▶ 图 5-205　蜗牛为害辣椒叶片

▶ 图 5-206　蜗牛为害番茄果实

▶ 图 5-207　蜗牛为害蚕豆叶片

▶ 图 5-208　蜗牛为害黄瓜果实

▶ 图 5-209　蜗牛为害马铃薯叶片

▶ 图 5-210　蜗牛为害玉米叶片

▶ 图 5-211　蜗牛为害甘蓝造成叶片穿孔

▶ 图 5-212　大白菜严重受害状

▶ 图 5-213　灰巴蜗牛呈贝形态

▶ 图 5-214　同型马蜗牛呈贝形态

▶图5-215 蜗牛卵块

▶图5-216 蛞蝓为害辣椒

（1）物理防治 人工捕杀；放鸭啄食；撒生石灰带。

（2）生物防治 每亩用茶籽饼粉3～5kg撒施，或用茶籽饼粉3kg加水50kg浸泡24h，以后取其滤液进行喷雾。用1%食盐水，或2%～5%甲酚皂1000倍液，或硫酸铜1000倍液，在下午16时以后或清晨蛞蝓等入土前，全株喷洒。

（3）化学防治 用多聚乙醛配成含有效成分4%左右的豆饼粉或玉米粉毒饵，于傍晚撒于田间垄上诱杀。或每亩用麦麸或大豆饼、菜籽饼、棉籽饼3～4kg炒香后，拌90%敌百虫可湿性粉剂150～200g，于晴朗或多云天气的傍晚撒在蜗牛经常活动的地方诱杀。撒施颗粒剂：在沟边、地头或作物间施6%四聚乙醛颗粒剂，每平方米放1堆，每堆10～20粒，每亩用量250～500g；用8%灭螺灵颗粒剂或10%四聚乙醛颗粒剂，每平方米1.5g；用2%灭棱威毒饵每亩400～500g；6%甲萘·四聚乙醛颗粒剂每亩560～750g。均匀撒施或间隙性条施，但施药后不要给菜地浇水，也不要踩踏药土处。

二十三、短额负蝗

短额负蝗（图5-217～图5-221），别名中华负蝗、尖头蚱蜢、括搭板。属直翅目蝗科。食性杂，主要危害白菜、甘蓝、萝卜、豆类、茄子、马铃薯、玉米、蕹菜、甘薯、甘蔗、烟草、麻类、棉花、水稻、小麦等多种蔬菜及农作物。

▶图5-217 短额负蝗为害茄子叶片

▶ 图5-218　短额负蝗绿色型成虫

▶ 图5-219　短额负蝗褐色型成虫

▶ 图5-220　一龄蝗蝻

▶ 图5-221　短额负蝗成虫交尾状

（1）生物防治　可选用0.5%苦参碱水剂500~1000倍液，或100亿孢子/g金龟子绿僵菌可湿性粉剂1500~2000倍液等喷雾防治。

（2）化学防治　发生较重的年份，可选用2.5%高效氯氟氰菊酯乳油2000~3000倍液，或50%辛硫磷乳油1500倍液、20%氰戊菊酯乳油3000倍液、2.5%溴氰菊酯乳油4000倍液等喷雾防治。

二十四、甘薯天蛾

甘薯天蛾（图5-222~图5-224），别名旋花天蛾、白薯天蛾、虾壳天蛾、甘薯叶天蛾，幼虫俗称猪儿虫。属鳞翅目天蛾科，主要为害蕹菜、扁豆、芋、赤豆、甘薯、茄子等蔬菜作物。

▶ 图5-222　甘薯天蛾成虫

▶图 5-223　甘薯天蛾绿色型幼虫　▶图 5-224　甘薯天蛾褐色型幼虫

（1）物理防治　利用成虫的趋光性，可用黑光灯进行诱杀。

（2）生物防治　用生物农药杀螟松杆菌活孢子 0.4 亿～0.5 亿 /mL，或苏云金杆菌 6 号悬浮剂 900 倍液、2.5% 鱼藤酮乳油 1000 倍液，于下午 4～5 时叶面喷雾防治。

（3）化学防治　可于 3 龄前选用 2.5% 溴氰菊酯乳油 2000 倍液，或 2.5% 高效氯氟氰菊酯乳油 1000 倍液、25% 噻虫螨乳剂 6000～8000 倍液、240g/L 氰氟虫腙悬浮剂 700 倍液等喷雾防治，10d 喷一次，连用 2～3 次。也可喷撒 2.5% 敌百虫粉，每亩 2kg 有效。

二十五、茄黄斑螟

茄黄斑螟（图 5-225～图 5-230），别名茄螟、茄白翅野螟、茄子钻心虫，是南方地区茄子的重要害虫，也能危害马铃薯、龙葵、豆类等作物。

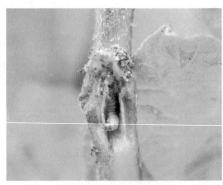

▶图 5-225　茄黄斑螟危害茄果　▶图 5-226　茄黄斑螟危害嫩茎

▶ 图 5-227　茄黄斑螟危害引起枯梢

▶ 图 5-228　茄黄斑螟危害引起果实腐烂

▶ 图 5-229　茄黄斑螟在茄果外面的蛀孔

▶ 图 5-230　茄黄斑螟幼虫微距

（1）生物防治　幼虫孵化始盛期防治，可用生物制剂苏云金杆菌乳剂250～300倍液，或0.36%苦参碱水剂1000～2000倍液喷雾防治。

（2）化学防治　可选用70%吡虫啉水分散粉剂20000倍液，或1%甲氨基阿维菌素苯甲酸盐乳油2000～4000倍液、5%氯虫苯甲酰胺悬浮剂2000～3000倍液、0.36%苦参碱水剂1000～2000倍液、25g/L多杀霉素悬浮剂1000倍液、240g/L氰氟虫腙悬浮剂550倍液等喷雾防治。

二十六、甘薯麦蛾

甘薯麦蛾（图5-231～图5-234），又叫甘薯卷叶蛾、甘薯卷叶虫，属鳞翅目麦蛾科，除为害甘薯外，还严重为害蕹菜等其他旋花科植物。

▶图 5-231　甘薯麦蛾幼虫为害红薯叶片

▶图 5-232　甘薯麦蛾幼虫为害蕹菜叶片

▶图 5-233　甘薯麦蛾老熟幼虫

▶图 5-234　甘薯麦蛾蛹

（1）生物防治　利用成虫具有吸食花蜜，喜食甜、酸物质的特性，在成虫盛发期利用加有敌百虫等杀虫剂的糖浆（糖：酒：醋：水 =6：1：2：10）毒饵诱杀。或用 100 亿孢子 /mL 苏云金杆菌乳油 400 ~ 600 倍液喷雾防治。

（2）化学防治　在幼虫卷叶时，可选用 20% 氯虫苯甲酰胺悬浮剂 10mL，对水 30kg 喷雾防治，或 90% 敌百虫晶体 1000 ~ 1500 倍液、20% 除虫脲悬浮剂 1500 ~ 2000 倍液、1.8% 阿维菌素乳油 1000 倍液等喷雾防治。

二十七、豆突眼长蝽

豆突眼长蝽（图 5-235 ~ 图 5-239），属半翅目长蝽科，是为害豆类蔬菜的主要害虫之一。在有些地区已成为豆科蔬菜主要害虫，不仅严重为害菜豆，同时也为害大豆、豇豆等，作物整个生长期均可发生，造成叶片褪绿变色、植株提前枯萎死。

▶图 5-235　豆突眼长蝽为害菜豆叶

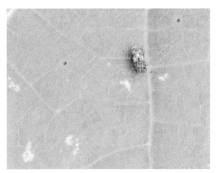

▶图 5-236　豆突眼长蝽成虫吸食菜豆叶片汁液

▶图 5-237　豆突眼长蝽成虫

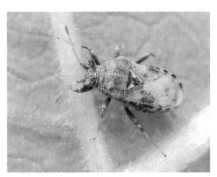

▶图 5-238　豆突眼长蝽成虫

▶图 5-239　豆突眼长蝽成虫交尾状

（1）物理防治　利用假死习性，于成虫盛发期，用水盆振落，进行人工防治。或灯光诱杀成虫。

（2）化学防治　于田间发现叶片受害症状后，及时用药，可选用 5%氯氰菊酯乳油 1000 倍液，或 1%阿维菌素乳油 2000 倍液、10%吡虫啉可湿性粉剂 1000 倍液、25%噻虫嗪水分散粒剂 2000 倍液、10%氯噻啉可湿性粉剂 2000 倍液、10%溴氰虫酰胺可分散油悬浮剂 2500 倍液等喷雾防治。

二十八、扶桑绵粉蚧

扶桑绵粉蚧属半翅目、粉蚧科、绵粉蚧属。该虫在蔬菜上除危害辣椒外，还可危害南瓜、冬瓜、丝瓜、苦瓜、茄子、番茄、蕹菜等（图 5-240~图 5-249）。从目前报道的情况看，该虫一旦发生，防治较为困难，且由于其扩散快、寄主范围广的特点，若不及时采取措施，任其自然发展，将对蔬菜生产造成较大的损失。

▶ 图 5-240 扶桑绵粉蚧为害辣椒植株

▶ 图 5-241 扶桑绵粉蚧为害甜瓜幼嫩部位

▶ 图 5-242 扶桑绵粉蚧为害辣椒枝、花

▶ 图 5-243 扶桑绵粉蚧为害甜瓜叶片

▶ 图 5-244 扶桑绵粉蚧为害甜瓜藤蔓

▶ 图 5-245 扶桑绵粉蚧为害甜瓜果柄

▶ 图 5-246 扶桑绵粉蚧为害辣椒果实

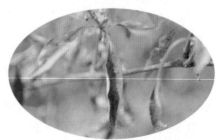

▶ 图 5-247 引发辣椒叶片煤污病

▶ 图 5-248 辣椒叶背面的成虫　　　▶ 图 5-249 辣椒叶背面的若虫

化学防治：在若虫分散转移期，分泌蜡粉形成介壳之前喷洒 70％ 吡虫啉水分散粒剂 5000 倍液，或 20％ 啶虫脒乳油 1500～2000 倍液、5％ 氯氰菊酯乳油 3000～4000 倍液、24％ 螺虫乙酯悬浮剂 2500 倍液、65％ 噻嗪酮可湿性粉剂 2500～3000 倍液、25％ 噻虫嗪水分散粒剂 5000 倍液（灌根时用 2000～3000 倍液）等喷雾防治。

由于该虫分泌蜡粉，施药时如将含油量 0.3％～0.5％ 柴油乳剂或黏土柴油乳剂混用，可增加防治效果。

二十九、茄二十八星瓢虫

属鞘翅目瓢虫科，别名酸浆瓢虫、小二十八星瓢虫，主要危害茄子、番茄、马铃薯、辣椒等茄科蔬菜（图 5-250～图 5-255），分布广泛。在夏、秋季发生最多，危害最重。

▶ 图 5-250 茄二十八星瓢虫危害茄子　　▶ 图 5-251 茄二十八星瓢虫危害辣椒
叶片　　　　　　　　　　　　　　　　叶片

▶ 图 5-252　茄二十八星瓢虫成虫为害茄子叶片

▶ 图 5-253　茄二十八星瓢虫成虫

▶ 图 5-254　茄二十八星瓢虫幼虫

▶ 图 5-255　茄二十八星瓢虫卵块

（1）物理防治　最好在田间扣防虫网，可避免多种害虫的产卵活动，保护菜田免受害虫的危害；也可用频振式杀虫灯诱杀成虫，控制虫源，减少产卵量。

（2）药剂防治　在幼虫分散前及时用药防治，可选用 70% 吡虫啉水分散粒剂 20000 倍液，或 2.5% 氟氯氰菊酯乳油 4000 倍液、25% 噻虫嗪水分散粒剂 4000 倍液、50% 辛硫磷乳油 1000 倍液、1.7% 阿维·氯氟氰可溶性液剂 2000～3000 倍液等喷雾。

三十、番茄黄化曲叶病毒病

番茄黄化曲叶病毒病（图 5-256、图 5-257）为近年来发现的新型毁灭性番茄病害。

（1）物理防治　释放丽蚜小蜂；防虫网隔离烟粉虱成虫；黄板诱杀烟粉虱成虫。

▶图5-256 番茄黄化曲叶病毒病病株　　　　▶图5-257 番茄黄化曲叶病毒病病果

（2）生物防治　可选用2%氨基寡糖素水剂300～400倍液，或4%嘧肽霉素水剂200～300倍液喷雾防治。

（3）化学防治　在番茄分苗、定植、绑蔓、打杈前先喷1%肥皂水加0.2%～0.4%磷酸二氢钾或1：（20～40）的豆浆或豆奶粉，预防接触传染。在定植前后各喷一次NS-83增抗剂100倍液，能增强番茄耐病性。在发病初期（5～6叶期）开始喷药保护，可选用3.85%苦·钙·硫黄可湿性粉剂500倍液，或1.5%植病灵乳油800倍液、20%盐酸吗啉胍·铜可湿性粉剂500倍液等喷雾防治，每隔7d一次，连续喷2～3次。

三十一、瓜类蔬菜枯萎病

瓜类蔬菜枯萎病（图5-258～图5-262）属真菌性病害，整个生长期都能发病，以开花、抽蔓到结果期发病最重。

▶图5-258 南瓜枯萎病病株

▶图5-259 瓠瓜枯萎病病株

▶图5-260 黄瓜枯萎病苗期发病状

▶图5-261 黄瓜枯萎病茎琥珀色流胶

▶图5-262 黄瓜枯萎病茎生出白色
霉状物（病原物）

（1）农业防治 嫁接是防治瓜类枯萎病的有效方法。

（2）生物防治 在移植后，选用80亿/mL地衣芽孢杆菌水剂500~750倍液，或0.5%氨基寡糖素水剂400~600倍液，在幼苗定植时灌根，每株灌对好的药液300~500mL。生长期间如发现病株，应及时连根带土拔除，并带出田外深埋，同时在病穴及四周灌注20%石灰乳，进行土壤消毒。发病初期，可选用10亿芽孢/g枯草芽孢杆菌可湿性粉剂1000倍液，或1.5亿活孢子/g木霉菌可湿性粉剂600倍液灌根，每株灌200~250mL，7~10d灌1次，连灌2~3次。

（3）化学防治 用30%恶霉灵水剂600~800倍液，在播种时喷淋1次，播种后10~15d再喷淋1次，灌根2次。发病初期，可选用60%多菌灵盐酸盐可湿性粉剂600倍液，或70%敌磺钠可湿性粉剂600~800倍液、30%恶霉灵水剂600~800倍液、30%甲霜·恶霉灵可湿性粉剂600~800倍液、54.5%恶霉·福可湿性粉剂700倍液、38%恶霜·嘧铜菌酯水剂600~800倍液等灌根，每株灌200~250mL，7~10d灌1次，连灌2~3次。

三十二、马铃薯晚疫病

马铃薯晚疫病（图5-263~图5-272）是发生最普遍、最严重的病害。

▶ 图 5-263　马铃薯晚疫病田间发病状

▶ 图 5-264　马铃薯晚疫病发病初期不规则小斑点

▶ 图 5-265　马铃薯晚疫病叶片湿腐状

▶ 图 5-266　马铃薯晚疫病病斑周围的褪绿圈

▶ 图 5-267　马铃薯晚疫病病斑上白霉微距图

▶ 图 5-268　马铃薯晚疫病干燥条件下无白霉、不扩展

▶ 图 5-269　马铃薯晚疫病叶柄发病状

▶ 图 5-270　马铃薯晚疫病发病后期叶片萎垂状

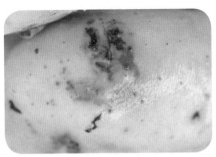

▶ 图 5-271　马铃薯晚疫病块茎紫色斑

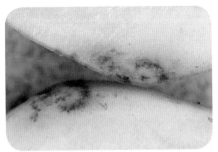

▶ 图 5-272　马铃薯晚疫病块茎纵切红褐色状

（1）生物防治　开花前后加强田间检查，发现中心病株后，立即拔除，附近植株上的病叶也摘除，撒上石灰，就地深埋，然后对病株周围的植株用 1:1:（100~200）波尔多液喷雾封锁，隔 10d 再喷一次，防止病害蔓延。

（2）化学防治　可选用 58% 甲霜灵可湿性粉剂 800~1000 倍液，或 72% 霜脲·锰锌可湿性粉剂 500~700 倍液、64% 恶霜灵可湿性粉剂 400~500 倍液、25% 嘧菌酯悬浮剂 1000 倍液、50% 烯酰·锰锌可湿性粉剂 700 倍液、52.5% 恶酮·霜脲氰水分散粒剂 1000~2000 倍液、60% 唑醚·代森联水分散粒剂 700~1000 倍液、250g/L 双炔酰菌胺悬浮剂 30~50mL/ 亩对水 45~75kg、687.5g/L 氟菌·霜霉威悬浮剂 70~100mL/ 亩对水 65~75kg 等喷雾防治。连防 2~3 次，每次间隔 7~10d。

三十三、病毒病

秋冬季节的榨菜（图 5-273）、叶用芥菜、萝卜（图 5-274）、菜薹（图 5-275、图 5-276）、大白菜、花椰菜、蚕豆（图 5-277）等蔬菜，早春的茄果类（图 5-278、图 5-279）、瓜豆类蔬菜（图 5-280）等，几乎所有种类蔬菜都会发生病毒病。

▶ 图 5-273　榨菜病毒病病株

▶ 图 5-274　萝卜病毒病病株

▶ 图 5-275　白菜薹病毒病病株

▶ 图 5-276　红菜薹病毒病病株

▶ 图 5-277　蚕豆病毒病病株

▶ 图 5-278　辣椒病毒病病果

▶ 图 5-279　茄子病毒病病叶

▶ 图 5-280　西葫芦病毒病病果

（1）生物防治　发病时，可用0.5%几丁聚糖水剂300~500倍液，或0.5%香菇多糖水剂每亩208~250g喷雾，7~10d喷一次，连续使用3~4次，有一定的防控效果。

（2）化学防治　对于常年病毒病高发区，可采用如下的保守防治方法：20%吗啉胍·乙铜或盐酸吗啉胍可湿性粉剂400~500倍液于发病初期使用，7d一次，共3次；在2~3叶期，移栽前7d，缓苗后7d各用10%混合脂肪酸水剂100倍液可增强免疫能力；定植后、初果期、盛果期早晚每亩各用植物病毒钝化剂"912"药粉1袋（75g），加入少量温水调成糊状，用1kg 100℃开水浸泡12h以上，充分搅拌，晾后对水15kg；也可用0.5%菇类蛋白多糖水剂200~300倍液，从苗期开始7d一次，共4~5次。

发病初期，选用5%菌毒清水剂200~300倍液、3.85%盐酸吗啉胍·三十烷醇水乳剂500倍液、4%嘧肽霉素水剂200~300倍液、0.05%核苷酸水剂500倍液等喷雾防治。

三十四、灰霉病

灰霉病是蔬菜主要病害之一，可为害辣椒（图5-281）、茄子、番茄，也可为害豇豆、甘蓝（图5-282）、芹菜、生菜、莴笋（图5-283）、草莓（图5-284）和黄瓜（图5-285）等蔬菜和作物。

▶ 图5-281　辣椒灰霉病病果

▶ 图5-282　结球甘蓝灰霉病叶球

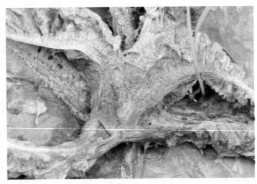

▶ 图5-283　莴笋灰霉病病株

▶图 5-284　草莓灰霉病病果

▶图 5-285　黄瓜灰霉病病叶 V 形病斑

（1）生物防治　发病前或刚发病时，选用 2.5％日光霉素可湿性粉剂 100 倍液，或 1％武夷菌素水剂 150 倍液、2 亿活孢子 /g 木霉菌可湿性粉剂 300 ~ 600 倍液、3％苦参碱水剂 1000 ~ 2000 倍液、25 亿活芽孢 /g 坚强芽孢杆菌 100 倍液、10 亿活芽孢 /g 海洋枯草芽孢杆菌可湿性粉剂 300 ~ 600 倍液 等喷雾，5 ~ 6d 一次，连喷 3 ~ 4 次。

（2）化学防治　可选用 25％嘧菌酯悬浮剂 1500 倍液，或 50％乙烯菌核 利干悬浮剂 1000 倍液、500g/L 吡唑醚菌酯·氟唑菌酰胺悬浮剂 1500 ~ 2000 倍液、25％咪鲜胺乳油 2000 倍液、50％啶酰菌胺水分散粒剂 850 ~ 1200 倍液、 75％肟菌·戊唑醇水分散粒剂 3000 倍液、25％啶菌恶唑乳油 1000 倍液等交替喷雾，7d 喷一次，连喷 2 ~ 3 次。

三十五、早疫病

早疫病（图 5-286、图 5-287）是番茄、茄子的一种主要真菌性病害，在苗期和成株期均可发生，主要为害叶子、茎秆和果实（尤其是对番茄的为害较为严重）。

▶图 5-286　番茄早疫病发病叶

▶图 5-287　茄子早疫病病叶上的病斑和黑霉

（1）生物防治　在苗床内喷1~2次0.15%~0.2%波尔多液（等量式），或77%氢氧化铜可湿性粉剂700倍液。定植缓苗后，每10~15d用0.2%~0.4%等量式波尔多液或77%氢氧化铜可湿性粉剂500~700倍液喷雾，浓度由低到高。到生长中后期，可选用2.1%丁子·香芹酚水剂600倍液、77%氢氧化铜可湿性粉剂500~700倍液、86.2%氧化亚铜可湿性粉剂2000~2500倍液等喷雾防治。

（2）化学防治

①烟熏　保护地发病，可选用45%百菌清烟剂，或10%腐霉利烟剂，每亩用250g，密闭熏2~3h。或45%百菌清烟雾剂250g/亩+10%腐霉利烟雾剂200~400g/亩，间隔5~10d烟熏一次。

②喷雾　田间初现病株立即喷药，可选用50%异菌脲可湿性粉剂1000~1500倍液，或58%甲霜·锰锌可湿性粉剂500倍液、70%代森联干悬浮剂500~600倍液、64%恶霜灵可湿性粉剂1500倍液、50%啶菌酰胺水分散粒剂2000~3000倍液、560g/L嘧菌·百菌清悬浮剂800~1200倍液、30%醚菌酯悬浮剂40~60g/亩等药剂喷雾，每种药剂在番茄整个生育期限用1次，共喷药2~3次，注意药剂轮换使用。

三十六、疫病

疫病（图5-288~图5-297）是辣椒及瓜类蔬菜的一种主要真菌性病害，苗期、成株期均可发生。

▶ 图5-288　辣椒疫病茎分杈发病状

▶ 图5-289　辣椒疫病果实发病初期

▶ 图 5-290　辣椒疫病果实发病初期典型症状

▶ 图 5-291　南瓜疫病田间发病状

▶ 图 5-292　南瓜疫病发病叶片

▶ 图 5-293　干燥条件下南瓜疫病的叶片发病状

▶ 图 5-294　南瓜疫病发病果

▶ 图 5-295　南瓜疫病病果上的白霉（微距）

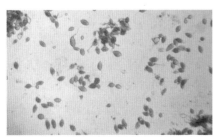

▶ 图 5-296　南瓜疫病病原孢囊梗和孢子囊 100 倍显微

▶ 图 5-297　南瓜疫病病原孢囊梗和孢子囊 400 倍显微

（1）生物防治　发病前可选用77%氢氧化铜可湿性粉剂500倍液、0.5%小檗碱水剂300~400倍液等喷雾防治。

（2）化学防治

①苗期预防　苗期可选用50%甲霜灵可湿性粉剂500~700倍液，或64%恶霜灵可湿性粉剂500倍液、58%甲霜·锰锌可湿性粉剂400~600倍液等药液灌根。

②移栽后药剂灌根　定植时或缓苗后，用72.2%霜霉威水剂或64%恶霜灵可湿性粉剂500倍液浇定植穴，每株浇250mL。选用50%烯酰吗啉可湿性粉剂2000倍液、20%氟吗啉可湿性粉剂1000倍液，在发病初期喷淋植株茎基部和地表，能有效防止初侵染。辣椒生长中后期可采用药剂灌根进行防治，用50%烯酰吗啉可湿性粉剂1000倍液灌根，每株50mL，每隔15~20d施药一次，连施2次，能有效防止再侵染。

③喷雾防治　田间发现中心病株后，及时剪除病株、病枝，可选用68%精甲霜·锰锌水分散粒剂500~600倍液，或68.75%氟菌·霜霉威水剂800倍液、25%嘧菌酯悬浮剂1000~1500倍液、72%霜脲·锰锌可湿性粉剂800倍液、50%烯酰吗啉可湿性粉剂2500~3000倍液等喷雾，7~10d一次，连续2~3次，严重时每隔5d一次，连续3~4次。

三十七、霜霉病

霜霉病（图5-298~图5-307）为害的蔬菜作物很多，如黄瓜、西葫芦、南瓜和丝瓜等瓜类蔬菜，菠菜、莴苣、茼蒿等绿叶蔬菜，结球白菜、普通白菜等白菜类蔬菜，以及甘蓝类蔬菜等。

▶图5-298　黄瓜霜霉病田间发病状

▶图5-299　黄瓜霜霉病病叶正面淡黄色受叶脉限制的病斑

▶ 图 5-300 黄瓜霜霉病病叶背面病斑初呈水渍状

▶ 图 5-301 黄瓜霜霉病病叶正面多角形但不穿孔的病斑

▶ 图 5-302 菠菜霜霉病田间发病状

▶ 图 5-303 菠菜霜霉病叶片正面发病前期症状

▶ 图 5-304 菠菜霜霉病叶片背面发病前期症状

▶ 图 5-305 菠菜霜霉病发病中期叶片正面

▶ 图 5-306 油麦菜霜霉病发病前期叶正面褪绿变黄病斑

▶ 图 5-307 莴笋霜霉病叶片正面的霜状白霉

▶ 图 5-308　苦瓜白粉病病叶

▶ 图 5-309　南瓜白粉病病叶

▶ 图 5-310　豇豆白粉病病叶

▶ 图 5-311　菊芋白粉病病叶

（1）生物防治　霜霉病发生时，可采用高温闷棚抑制病情发展。用 1.5 亿个活孢子 /g 木霉菌可湿性粉剂 220 倍液，或 0.05% 核苷酸水剂 600 ~ 800 倍液、10% 多抗霉素可湿性粉剂 500 ~ 800 倍液等喷雾防治。

（2）化学防治　可选用 50% 烯酰吗啉可湿性粉剂 500 倍液，或 80% 恶霉灵可湿性粉剂 400 倍液、58% 甲霜·锰锌可湿性粉剂 600 倍液、10% 氰霜唑悬浮剂 1500 倍液、52.5% 恶酮·霜脲水分散粒剂 2500 倍液、69% 烯酰·锰锌可湿性粉剂 600 ~ 800 倍液、72% 霜脲·锰锌可湿性粉剂 800 倍液等喷雾防治，7 ~ 10d 一次，连喷 3 ~ 6 次。

三十八、白粉病

白粉病（图 5-308 ~ 图 5-311）主要为害西葫芦、黄瓜、南瓜、甜瓜、茄子、豇豆、菊芋等，上半年一般在 5 ~ 6 月发病，下半年进行秋季栽培时，则在 10 月间容易发病。

（1）生物防治　发病初期，用 1% 武夷菌素水剂 100 ~ 150 倍液，或 2% 嘧啶核苷类抗生素水剂 200 倍液、2% 春雷霉素水剂 400 倍液、1% 蛇床子素水乳剂 600 ~ 1000 倍液、200 亿活芽孢 /g 枯草芽孢杆菌可湿性粉剂 300 ~ 500 倍液、0.5% 大黄素甲醚水剂 1000 ~ 2000 倍液喷雾防治，10d 1 次，连喷 3 ~ 4 次。

（2）化学防治　采用 25% 嘧菌酯悬浮剂 1500 倍液预防较好。发病初期，可选用 15% 三唑酮可湿性粉剂 800 ~ 1000 倍液，或 50% 甲基硫菌灵可湿性粉剂 1000 倍液、10% 苯醚甲环唑水分散粒剂 2500 ~ 3000 倍液、20% 唑菌酯悬浮剂 800 ~ 1000 倍液、70% 丙森锌可湿性粉剂 600 ~ 800 倍液、32.5% 苯甲·嘧菌酯悬浮剂 1500 倍液、43% 戊唑醇悬浮剂 3000 倍液、40% 腈菌唑可湿性粉剂 4000 ~ 5000 倍液、75% 肟菌·戊唑醇水分散粒剂 3000 ~ 4000 倍液等喷雾防治。

三十九、煤霉病

煤霉病（图 5-312～图 5-316）是豇豆、菜豆、豌豆、蚕豆等豆类蔬菜的主要病害，又叫叶斑病、叶霉病、煤污病等。

▶ 图 5-312　豇豆煤霉病田间发病状

▶ 图 5-313　豇豆煤霉病叶片正面病斑

▶ 图 5-314　豇豆煤霉病叶背病斑

▶ 图 5-315　豇豆煤霉病茎蔓病斑

▶ 图 5-316　豇豆煤霉病病荚

（1）生物防治　对下部、中部叶子及时喷磷酸二氢钾 150g+ 糖（红色糖或白糖）500g+ 水 50kg，于早上喷在叶子背面上，隔 5d 喷 1 次，连喷 4～5 次。发病前或发病初选用 1：1：200 倍波尔多液，或 77% 氢氧化铜可湿性粉剂 1000 倍液等喷雾防治。

（2）化学防治　可选用 50% 多菌灵可湿性粉剂 500～600 倍液，或 78% 波·锰锌可湿性粉剂 500～600 倍液、66.8% 丙森·缬霉威可湿性粉剂 700～1000 倍液、50% 咪鲜胺·氯化锰可湿性粉剂 1500～2500 倍液、10% 苯醚甲环唑水分颗粒剂 800 ~ 1200 倍液、25%嘧菌酯悬浮剂 1500 ~ 2000 倍液、25%吡唑醚菌酯乳油 2000 ~ 3000 倍液、55%嘧霉胺·多菌灵可湿性粉剂 600 倍液、20%唑菌酯悬浮剂 900 倍液等喷雾防治，隔 7 ~ 10d 一次，连喷 3 ~ 4 次。前密后疏，交替用药，一种农药在一种作物上只用一次。

四十、炭疽病

炭疽病（图 5-317 ~ 图 5-320）在黄瓜、冬瓜、西瓜、甜瓜、丝瓜、瓠瓜、番茄、茄子、辣椒、菜豆、豇豆等果菜类蔬菜上均有发生，特别是对西瓜、瓠瓜、辣椒为害更是严重。一般发生在 6 月中下旬至 7 月。

▶ 图 5-317　瓠瓜炭疽病病瓜

▶ 图 5-318　红色辣椒炭疽病病果

▶ 图 5-319　豇豆炭疽病茎上的黑色小点

▶ 图 5-320　黄瓜炭疽病叶片上的病斑

（1）生物防治　发病初期，可选用 0.5%波尔多液（或 77%氢氧化铜可湿性粉剂 500 倍液），或 2%嘧啶核苷类抗生素、1%武夷菌素水剂 150 ~ 200 倍液、1.5%苦参碱·蛇床子素水剂 1600 ~ 2000 倍液、1.5 亿活孢子 /g 木霉菌可湿性粉剂 300 倍液、0.05%核苷酸水剂 600 ~ 800 倍液等喷雾防治。

（2）化学防治　及时发现病害的初期症状，对症下药，可选用 80%炭疽福美可湿性粉剂 800 倍液，或 25%嘧菌酯悬浮剂 1500 倍液、68.75%恶唑菌酮·锰锌水分散粒剂 1000 倍液、60％吡唑醚菌酯水分散粒剂 500 倍液、30％苯甲·丙环唑乳油 3000 倍液、30％戊唑·多菌灵悬浮剂 700～1000 倍液、55％硅唑·多菌灵可湿性粉剂 1100 倍液等喷雾防治，6～7d 喷一次，连喷 3～4 次。

四十一、根结线虫病

根结线虫病（图 5-321～图 5-326）在一些地区的大棚蔬菜栽培中非常普遍，主要为害番茄、茄子、芹菜、黄瓜、西瓜、豇豆、大白菜、小白菜等蔬菜。

▶ 图 5-321　黄瓜根结线虫病病株

▶ 图 5-322　西瓜根结线虫病病株

▶ 图 5-323　番茄根结线虫病病株

▶ 图 5-324　辣椒根结线虫病病株

▶ 图 5-325　大白菜根结线虫病病株明显矮小

▶ 图 5-326　大白菜根结线虫病病根表现

（1）生物防治　棚室在高温条件下用氰氨化钙消毒。每平方米用20%辣根素悬浮剂25~50g熏蒸消毒。培育无根结线虫病侵染的幼苗，每平方米用5%淡紫拟青霉颗粒剂2.5g，掺入过筛细土或腐熟农家肥375~500g，充分拌匀，均匀撒施苗床内播种育苗。

（2）化学防治　在播种或定植前15d，用10%噻唑磷颗粒剂，或1.1%苦参碱粉剂等药剂均匀撒施后耕翻入土，每亩用药量3~5kg。还可在定植行中间开沟条施或沟施，每亩施入上述药剂2~3.5kg，覆土踏实。如果穴施，则每亩用上述药剂1~2kg，施药拌土。

药剂灌根：定植后，在棚室内植株局部受害时，可选用1.8%阿维菌素乳油2000倍液，或50%辛硫磷乳油1500倍液、90%敌百虫晶体800倍液、80%敌敌畏乳油1000倍液灌根，或每亩用5%根线灵颗粒剂2.5kg、0.3%印楝素乳油100mL、0.15%阿维·印楝素颗粒剂4kg，用湿细土拌匀后撒施于垄上沟内，盖土后移栽。

四十二、细菌性角斑病

细菌性角斑病（图5-327~图5-332）是黄瓜、西瓜等瓜类蔬菜的主要病害。

▶ 图5-327　黄瓜细菌性角斑病田间大发生状

▶ 图5-328　黄瓜细菌性角斑病初发状

▶ 图5-329　黄瓜细菌性角斑病病斑近圆形或不规则形

▶ 图5-330　黄瓜细菌性角斑病病斑周围现油渍状晕圈

▶ 图5-331　黄瓜细菌性角斑病叶背白色菌脓

▶ 图5-332　黄瓜细菌性角斑病干燥时叶白干状

（1）生物防治　发病前期或初期，可选用72%硫酸链霉素可溶性粉剂或用新植霉素4000倍液，或3%中生菌素可湿性粉剂800~1000倍液、2%宁南霉素水剂260倍液、88%水合霉素可溶性粉剂1500~2000倍液、0.5%氨基寡糖素水剂600倍液等喷雾防治，6~7d一次，连喷3~4次。

（2）化学防治　发病初期，可选用30%硝基腐殖酸铜可湿性粉剂600倍液，或30%琥胶肥酸铜可湿性粉剂500倍液、50%氯溴异氰尿酸1500~2000倍液、36%三氯异氰尿酸可湿性粉剂1000~1500倍液、20%喹菌酮水剂1000~1500倍液、20%噻菌茂可湿性粉剂600倍液等喷雾防治，每5~7d一次，连喷2~3次。

四十三、青枯病

青枯病（图5-333~图5-336）为细菌性土传病害，是茄果类蔬菜（特别是番茄）及马铃薯生产上的一种毁灭性病害。通常在5月下旬以后，特别是久雨或大雨后的晴天大量发生。

▶ 图5-333　辣椒青枯病病株萎蔫状

▶ 图5-334　辣椒青枯病茎维管束变褐状

▶ 图 5-335　番茄青枯病病 ▶ 图 5-336　番茄青枯病茎维管束变褐状
株萎蔫状

（1）生物防治　选育、应用抗病品种是预防青枯病最为根本的方法。对于偏酸性的土壤，可施入适量的生石灰，一般为每亩 100～150kg，以提高土壤的 pH。到目前为止，青枯病是可防而不可治的。可在发病期用农抗"401"500 倍液，或 77% 氢氧化铜可湿性粉剂 400～500 倍液、50% 琥胶肥酸铜可湿性粉剂 400 倍液、72% 硫酸链霉素可溶性粉剂 4000 倍液灌根，每株灌对好的药液 0.3～0.5L，隔 10d 使用一次，连续灌 2～3 次。发病初期或进入雨季开始喷洒 20 亿活芽孢 /g 蜡质芽孢杆菌可湿性粉剂 200～300 倍液或 10 亿活芽孢 / 枯草芽孢杆菌可湿性粉剂 600～800 倍液、3% 中生菌素可湿性粉剂 800 倍液、80% 乙蒜素乳油 800～1000 倍液。

（2）化学防治　发病前，预防性喷淋 50% 琥胶肥酸铜可湿性粉剂 500 倍液，或 14% 络氨铜水剂 300 倍液、27.12% 碱式硫酸铜悬浮剂 800 倍液等，7～10d 一次，连续 3～4 次。也可用 50% 敌枯双可湿性粉剂 800 倍液，或 12% 松脂酸铜乳油 1000 倍液灌根，每株 300～500mL，10d 一次，共 2～3 次。

四十四、软腐病

软腐病（图 5-337～图 5-340）在番茄、芹菜、白菜类蔬菜（尤其是大白菜，以及作为小白菜栽培的大白菜）、甘蓝、榨菜、萝卜等蔬菜上发生，其中夏秋季节大白菜软腐病发生比较普遍而且严重。

▶ 图 5-337　辣椒软腐病病果

（1）生物防治　选用硫酸链霉素200mg/L处理轻病株及周围株，注意施在接近地表的叶柄和茎基部。或用硫酸链霉素200mg/kg+37.5%氢氧化铜悬浮剂750倍液、0.5%大黄素甲醚600倍液喷雾。

（2）化学防治

①灌根　进入包心期，此时叶片上只要出现黄褐色斑点，即应采取药物防治，可用70%敌磺钠可湿性粉剂800~1000倍液灌根，每株灌根500mL药液，隔7~10d再灌1次，连灌2~3次。或用50%代森铵水剂1000倍液、20%叶枯唑可湿性粉剂300~400倍液、47%春雷·王铜可湿性粉剂700~750倍液等喷洒，做到喷灌结合。

②喷雾　在发病前，可选用20%喹菌酮水剂800~1000倍液，或86.2%氧化亚铜可湿性粉剂2000~2500倍液、50%氯溴异氰尿酸可溶性粉剂1000倍液、77%氢氧化铜可湿性粉剂800~1000倍液等对水均匀喷雾。

发病初期，可选用20%叶枯唑可湿性粉剂600~800倍液，或20%噻菌铜悬浮剂1000~1500倍液、36%三氯异氰尿酸可湿性粉剂1000~1500倍液、12%松脂酸铜乳油600~800倍液等对水均匀喷雾，视病情间隔7~10d喷一次。重点喷洒病株基部及地表，使药液流入菜心效果较好。

▶ 图5-338　大白菜软腐病病株

▶ 图5-339　大白菜软腐病从叶缘发病状

▶ 图5-340　结球甘蓝发病叶球

四十五、菌核病

菌核病（图5-341~图5-346）是大棚等设施栽培中的一种重要真菌性病害，在番茄、茄子、辣椒、黄瓜、西葫芦、莴苣、菜豆、豇豆等蔬菜作物中非常普遍。南方地区发病有两个高峰，分别为3~5月和10~12月。

▶ 图 5-341　辣椒菌核病病株上的白色棉絮状菌丝

▶ 图 5-342　辣椒枝干里的鼠粪状菌核

▶ 图 5-343　大白菜菌核病病株

▶ 图 5-344　结球甘蓝菌核病病株

▶ 图 5-345　榨菜菌核病病株

▶ 图 5-346　莴笋菌核病导致毁苗

（1）生物防治　用哈茨木霉或芽孢杆菌进行种子包衣也能明显降低植株的发病率。发病前或发病初期，用 0.5％ 大黄素甲醚 600 倍液喷雾防治。

（2）化学防治　在蔬菜生长盛期，开始发病并逐渐加重，可选用 50％乙烯菌核利干悬浮剂 1000 倍液，或 40％ 菌核净可湿性粉剂 1000～1500 倍液、50％ 异菌脲可湿性粉剂 600 倍液、66.8％ 丙森·缬霉威可湿性粉剂 600

倍液、10%苯醚甲环唑水分散粒剂 800 倍液、40%嘧菌环胺水分散粒剂 1200 倍液等喷雾防治。10d 喷 1 次，共 2~3 次，注意药剂交替使用。

涂茎：把上述菌剂对成 50 倍液，涂抹茎上发病部位，不仅能控制病情扩展，还有治疗作用。

熏烟：保护地栽培，可使用 10%腐霉利烟剂，或 45%百菌清烟剂、10%百·菌核烟剂熏治，每亩每次用药 250g，7~10d 一次，连续 2~3 次。

喷粉：保护地栽培，可喷撒 5%百菌清粉尘剂，每亩每次 1000g。

四十六、锈病

锈病（图 5-347 ~ 图 5-350）为气传病害，可危害菜豆、豇豆、蚕豆等豆类作物，大葱、洋葱、韭菜等葱蒜类蔬菜，以及玉米、黄花菜等。

▶图 5-347　菜豆锈病

▶图 5-348　玉米锈病

▶图 5-349　大葱锈病

▶图 5-350　蚕豆锈病病叶

（1）生物防治　病害刚发生时，用 2%嘧啶核苷类抗生素水剂 150 倍液，或 50%硫黄悬浮剂 200 倍液、30%固体石硫合剂 150 倍液，隔 5d 喷一次，连喷 3 ~ 4 次。

（2）化学防治　发病前，可选用 25％丙环唑乳油 3000 倍液，或 12.5％烯唑醇可湿性粉剂 4000 倍液、40％氟硅唑乳油 8000 倍液、50％咪鲜胺锰盐可湿性粉剂 1500 ~ 2500 倍液、20％噻菌铜悬浮剂 500 ~ 600 倍液、250g/L 嘧菌酯悬浮剂 1000 ~ 2000 倍液、10％苯醚甲环唑水分散粒剂 1500 ~ 2000 倍液、50％醚菌酯干悬浮剂 3000 倍液、30％氟菌唑可湿性粉剂 2000 ~ 2500 倍液、68.75％恶酮·锰锌水分散粒剂 800 倍液等轮换喷雾。每隔 7 ~ 10d 喷一次，连续 2 ~ 3 次。

▶ 图 5-351　田间发病期

四十七、白绢病

又名南方疫病（图 5-351 ~ 图 5-363），俗称霉蔸，在南方发生较重。该病主要在茄果类蔬菜和豆类蔬菜上发生。

▶ 图 5-352　田间发病后期

▶ 图 5-353　茎部湿腐状

▶ 图 5-354　茎基部的白色菌丝

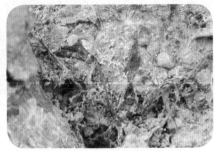

▶ 图 5-355　地面上的辐射状菌丝及菌核

▶ 图 5-356　基部的菜籽状菌核

▶ 图 5-357　根木质部外露状

▶ 图 5-358　植株萎蔫状

▶ 图 5-359　植株落叶状

▶ 图 5-360　菜豆白绢病田间发病惨状

▶ 图 5-361　菜豆白绢病根茎处绢丝状菌丝

▶ 图 5-362　菜豆白绢病致下部叶片变黄

▶ 图 5-363　菜豆白绢病发病茎基部菜籽状菌核

（1）生物防治　用培养好的木霉菌在发病前拌土或制成菌土撒施均可，用培养好的木霉菌 0.4 ~ 0.45kg 加 50kg 细土，混匀后撒覆在病株基部，每亩用菌 1kg，防效可达 70% 以上。

（2）化学防治　重病区或重病田定植时用 70% 五氯硝基苯粉剂与细土配成毒土［药：土 =1：（30 ~ 50），每亩 1.5kg］穴沟施，或用 40% 三唑酮多菌灵可湿性粉剂 800 ~ 1000 倍液作定根水淋施，或用哈茨木霉菌制剂配细土（1：100），穴沟施菌粉，每亩施 1kg。

发病初期灌根：用敌磺钠 300 倍液灌蔸，或 20% 甲基立枯磷乳油 800 倍液、50% 五氯硝基苯可湿性粉剂 800 倍液、50% 啶酰菌胺水分散粒剂 1000 ~ 1500 倍液、70% 恶霉灵可湿性粉剂 1500 倍液，定期或不定期淋灌药液 1 ~ 2 次，可减轻发病。

四十八、棒孢叶斑病

又名靶斑病、褐斑病、小黄点病（图 5-364 ~ 图 5-370），是一种喜高温高湿的病害，主要危害叶片，严重时蔓延至叶柄、茎蔓和果实。以保护地受害严重，多发生于作物生长中后期，引起落叶。该病在茄子、黄瓜、豇豆（又叫轮纹病）、莲藕等蔬菜上发生。

▶ 图 5-364　豇豆轮纹病田间普遍发生

▶ 图 5-365　豇豆轮纹病叶发病初期产生红褐色小点

▶ 图 5-366　豇豆轮纹病叶后期典型病斑

▶ 图 5-367　豇豆轮纹病后期病斑连片至叶变黄枯死

▶ 图 5-368　豇豆轮纹病茎蔓长条状病斑

▶ 图 5-369　豇豆轮纹病在豆荚上的病斑

　（1）生物防治　发病初期，可选用 41%乙蒜素乳油 2000 倍液，或 0.5%氨基寡糖素水剂 400～600 倍液、53.8%氢氧化铜干悬浮剂 600 倍液、86.2%氧化亚铜可湿性粉剂 2000～2500 倍液、33.5%喹啉铜悬浮剂 800～1000 倍液等喷雾防治。

　（2）化学防治　发病初期，可选用 47%春雷·王铜可湿性粉剂 800 倍液，或 40%嘧霉胺悬浮剂 500 倍液、20%烯肟菌胺·戊唑醇水悬浮剂 1500 倍液、25%咪鲜胺乳油 1500 倍液、40%氟

▶ 图 5-370　茄子棒孢叶斑病发病叶片

硅唑乳油 8000 倍液、25%嘧菌酯悬浮剂 1500 倍液、50%醚菌酯干悬浮剂 3000～4000 倍液、25%吡唑·嘧菌酯可湿性粉剂 3000 倍液、60%唑醚·代森联水分散粒剂 1500 倍液等药剂喷雾防治。隔 7～10d 喷一次药，连续喷药 3～4 次。

四十九、蔓枯病

　又称蔓割病、黑腐病（图 5-371～图 5-386），是黄瓜、丝瓜、南瓜、苦瓜、西瓜、甜瓜等瓜类蔬菜重要的病害，各地均有发生，常造成 20%～30%的减产。可导致植株提前拉秧，该病主要在成株期发病，为害叶片和茎，有时也为害瓜条。

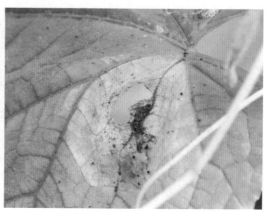

▶ 图 5-371　黄瓜蔓枯病田间　▶ 图 5-372　黄瓜蔓枯病病叶中的近圆形病斑
发病状

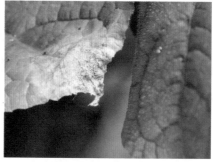

▶ 图 5-373　黄瓜蔓枯病病叶中的不规则　▶ 图 5-374　黄瓜蔓枯病自叶尖向内的 V
形病斑　　　　　　　　　　　　　　　形病斑，上有小黑点

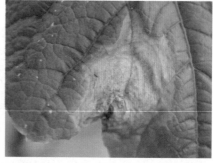

▶ 图 5-375　黄瓜蔓枯病自叶缘向内的半　▶ 图 5-376　黄瓜蔓枯病自叶缘向内的近
圆形病斑　　　　　　　　　　　　　　圆形病斑

▶ 图 5-377 黄瓜蔓枯病病斑大圆套小圆似分生孢子器状

▶ 图 5-378 黄瓜蔓枯病茎蔓开裂状

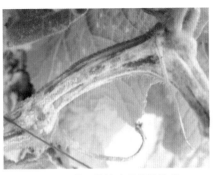

▶ 图 5-379 黄瓜蔓枯病茎蔓流胶状

▶ 图 5-380 黄瓜蔓枯病瓜条呈水浸状

▶ 图 5-381 西瓜蔓枯病大田发病状

▶ 图 5-382 西瓜蔓枯病茎基部发病状

▶图5-383　西瓜蔓枯病流胶状　　　▶图5-384　西瓜蔓枯病茎蔓开裂状

▶图5-385　西瓜蔓枯病叶片边缘　▶图5-386　西瓜蔓枯病叶片典型病斑
病斑

化学防治。及时发现病害初发症状，可在发病初期，采用喷药或涂茎的办法，有一定的治疗效果。

（1）烟熏或喷粉　保护地栽培，在发病前，可选用45%百菌清烟剂，每亩每次250g，密闭烟熏一个晚上。或喷6.5%硫菌·霉威粉尘剂或0.5%灭霉灵粉尘剂，每亩每次喷1kg，早、晚进行，关闭棚室，7d一次，连喷3～4次。

（2）喷雾　可选用50%灭霉灵可湿性粉剂600～800倍液，或40%氟硅唑乳油8000～10000倍液、50%混杀硫悬浮剂500～600倍液、20.6%恶酮·氟硅唑乳油1500倍液、25%嘧菌酯悬浮剂1500倍液、10%苯醚甲环唑可分散粒剂1500倍液、325g/L苯甲·嘧菌酯悬浮剂1500～2500倍液等喷雾防治，5～6d一次，连喷3～4次。

五十、污煤病

又称煤污病（图5-387～图5-392），主要为害叶片、叶柄及果实，是棚室茄果类上的特有病害。湿度大、粉虱多，易发病。

▶ 图 5-387　大棚秋延后辣椒污煤病发病状

▶ 图 5-388　辣椒污煤病田间发病状

▶ 图 5-389　辣椒污煤病叶片发病（微距）

▶ 图 5-390　辣椒污煤病叶片严重发病状

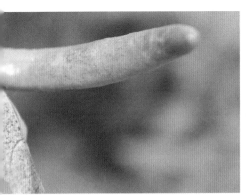

▶ 图 5-391　秋延后辣椒果实上的煤污

▶ 图 5-392　越冬辣椒污煤病整株果实发病状

及时防治蚜虫、粉虱及介壳虫。

化学防治。发病初期及时喷药，可选用78%波·锰锌可湿性粉剂600倍液，或5%嘧菌酯悬浮剂1000倍液、68%精甲霜·锰锌水分散粒剂600倍液、40%灭菌丹可湿性粉剂400倍液、50%乙霉灵可湿性粉剂1500倍液、65%甲霉威可湿性粉剂500~2000倍液等喷雾防治，每隔10d左右喷一次，连续防治2~3次。棚室也可用百菌清烟剂熏治。采收前7d停止用药。

五十一、白锈病

白锈病（图5-393~图5-396）一般在蕹菜、小白菜、萝卜等叶类蔬菜上发生，一般在多雨、湿度大的月份为害比较严重。

▶ 图5-393　蕹菜白锈病田间发病状

▶ 图5-394　蕹菜白锈病病叶正面

▶ 图5-395　蕹菜白锈病严重时叶片畸形隆起状

▶ 图5-396　蕹菜白锈病病叶白天呈反卷状

化学防治。梅雨或台风雨频繁季节应抓住雨后或抢晴天施药，可选用58%甲霜·锰锌可湿性粉剂500倍液，或8%精甲霜·锰锌水分散粒剂600倍液、15%三唑酮可湿性粉剂1500倍液、64%恶霜·锰锌可湿性粉剂400~500倍液、250g/L嘧菌酯悬浮剂1200倍液、50%醚菌酯干悬浮剂

3000～4000倍液、560g/L嘧菌·百菌清悬浮剂800～1000倍液等喷雾防治，7～10d一次，连续防治2～3次。

五十二、十字花科蔬菜黑腐病

十字花科蔬菜黑腐病（图5-397～图5-403），俗称黑心、烂心，主要为害叶和根，是萝卜最常见的病害之一，萝卜根内部变黑，失去商品性，能造成很大损失，一般减产20%～50%，发病严重年份减产60%以上。秋播比春播发病重，贮藏期继续发展，影响萝卜商品性，此外，还危害白菜、甘蓝等十字花科蔬菜。

▶图5-397 萝卜黑腐病的叶片症状

▶图5-398 萝卜黑腐病根茎外表表现不明显

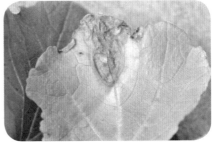

▶图5-399 萝卜黑腐病叶片典型的Ⅴ形病斑

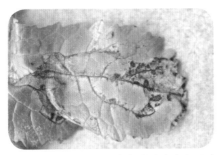

▶图5-400 萝卜黑腐病叶片叶脉变黑，叶缘变黄

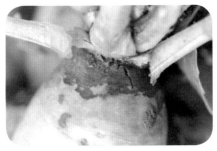

▶图5-401 萝卜黑腐病根茎处皮层黑褐色并有开裂

▶图 5-402　萝卜黑腐病根茎横剖可见维管束呈放射状、变黑褐色

▶图 5-403　萝卜黑腐病后期根茎成黑色空洞状

（1）生物防治　可选用 72%农用硫酸链霉素可溶性粉剂 3500 倍液、3%中生菌素可湿性粉剂 500 倍液、90%新植霉素可湿性粉剂 3000 倍液、氯霉素 2000～3000 倍液、88%水合霉素可溶性粉剂 3000～4000 倍液等喷雾防治。

（2）化学防治　发病初期，可选用 47%春雷·王铜可湿性粉剂 700 倍液，或 2%松脂酸铜乳油 600 倍液、14%络氨铜水剂 3000 倍液、20%叶枯唑可湿性粉剂 600～800 倍液、20%噻菌铜悬浮剂 1000～1500 倍液、50%二氯异氰尿酸钠可溶性粉剂 300 倍液、20%喹菌酮水剂 1000～1500 倍液等喷雾防治，交替使用，每 7～10d 喷一次，连喷 2～3 次。或用菜丰宁拌种或 50 倍稀释液灌根。

及时防治黄曲条跳甲、蚜虫等害虫。

五十三、十字花科蔬菜黑斑病

黑斑病又称链格孢叶斑病、黑霉病或轮纹病（图 5-404～图 5-411），是大白菜、小白菜、萝卜、菜心、菜薹、榨菜等十字花科蔬菜常见的叶部病害，南方秋季多雨年份大发生时可造成减产 10%～20%，在部分地区流行年份会减产 30%～40%。

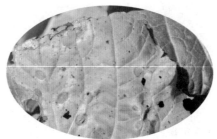

▶图 5-404　大白菜黑斑病田间发病状

▶图 5-405　病叶正面病斑暗褐色圆形或近圆形

▶ 图 5-406　大白菜黑斑病病叶背面病斑

▶ 图 5-407　大白菜黑斑病病叶后期病斑连片致叶片黄枯

▶ 图 5-408　大白菜黑斑病叶柄病斑长梭形或长条形稍凹陷

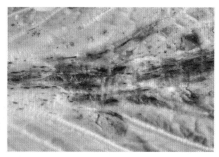

▶ 图 5-409　大白菜黑斑病叶柄病斑湿腐状

▶ 图 5-410　萝卜黑斑病病叶

▶ 图 5-411　红菜薹黑斑病病叶

　　化学防治。发现病株及时喷药，在植株下部叶片出现病斑时开始用药最好，可选用53%精甲霜·锰锌水分散粒剂500倍液，或8.75%恶唑菌酮·锰锌水分散粒剂800～1500倍液、42.8%氟菌·肟菌酯悬浮剂2100～3000倍液、29%嘧菌酯·戊唑醇悬浮剂1500～2000倍液、2%嘧啶核苷类抗生素水剂300～400倍液、3%多抗霉素水剂700～800倍液、70%丙森·多菌可湿性粉剂 600～800 倍液、64% 氢铜·福美双可湿性粉剂 1000 倍液等喷雾防治。

五十四、十字花科蔬菜根肿病

十字花科蔬菜根肿病（图 5-412～图 5-418）是一种土传病害，以南方十字花科蔬菜产区发病严重。一般发病田块可减产 10%，部分发病严重的地块可减产 30% 以上，长期发病地块不注意防治可造成毁灭性损失。在幼苗和成株期均可发生，只为害根部，植株矮小，生长缓慢。

▶ 图 5-412　大白菜根肿病根部肿瘤

▶ 图 5-413　大白菜根肿病发生初期叶片萎蔫状

▶ 图 5-414　大白菜发病重时可导致植株不包心整株枯死

▶ 图 5-415　小白菜根肿病

▶ 图 5-416　红菜薹根肿病

▶图 5-417　菜心根肿病田间萎蔫表现　　　　　▶图 5-418　菜心根肿病根部特写

实施轮作。与非十字花科作物如玉米、豆类等轮作 3 年以上。发病严重的地块，进行 5~6 年轮作。在规定轮作的年限内不种大白菜等十字花科蔬菜。

定植处理：将 50% 氟啶胺悬浮剂用洁净育苗土稀释 1000 倍（即将 25mL 药液与 25kg 育苗土充分混合均匀）。药土混合采用梯度稀释法进行，确保药剂与育苗土充分混合均匀。也可在移栽时用 10% 氰霜唑悬浮剂 800 倍液浸菜根 20min，或用 50% 多菌灵可湿性粉剂、70% 甲基硫菌灵可湿性粉剂、50% 苯菌灵可湿性粉剂、50% 克菌丹可湿性粉剂等药剂 500 倍液穴施、沟施，或药液蘸根以及药泥浆沾根后移栽大田。

发病初期，选用 53% 精甲霜·锰锌水分散粒剂 500 倍液，或 72.2% 霜霉威水剂混掺 50% 福美双可湿性粉剂 600 倍液、15% 恶霜灵水剂 500 倍液、96% 恶霉灵粉剂 3000 倍液、60% 吡唑醚菌酯·代森联水分散粒剂 1000 倍液、10% 氰霜唑悬浮剂 50~100mg/kg、50% 氯溴异氰尿酸可溶性粉剂 1200 倍液灌根，每株 0.4~0.5kg，间隔 10d 一次，连灌 3 次。

第六章
几种蔬菜大棚栽培技术

一、辣椒大棚春提早促成栽培

"塑料大棚 + 地膜 + 小拱棚"春提早促成栽培（图 6-1）可比露地春茬提早定植和上市 40 ~ 50d，春末夏初应市。盛夏后通过植株调整，还可进行恋秋栽培，使结果期延迟到 8 月份。

▶ 图 6-1　辣椒大棚春提早栽培

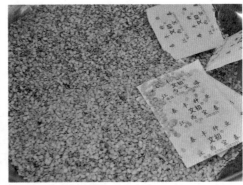

▶ 图 6-2　选择适宜品种

选择品种　选用抗性好，低温结果能力强，早熟、丰产、商品性好的品种（图 6-2）。

确定育苗时间　一般 10 月中旬至 11 月上旬，利用大棚进行冷床育苗，或 11 月上旬至下旬用酿热温床或电热线加温苗床育苗。上年 10 月中下旬至 1 月下旬，用大棚冷床（图 6-3、图 6-4）或温床播种育苗。

▶图6-3　辣椒塑料大棚冷床育苗图示　　　　▶图6-4　辣椒冷床育苗近景

配制营养土

（1）播种床　选用烤晒过筛园土 1/3，腐熟猪粪渣 1/3，炭化谷壳 1/3 充分混匀。

（2）分苗床　选用园土 2/4，猪粪渣 1/4，炭化谷壳 1/4。

（3）营养土消毒　用 40% 甲醛 200～300mL，对水 25～30kg，喷 1000kg 营养土，适当翻动，用薄膜覆盖 5～7d，或用该药液直接喷洒于苗床，盖地膜闷土 5～7d，然后敞开透气 2～3d 后可用于播种。

种子处理　每亩备种 75g。先晒种 2～3d 或置于 70℃烘箱中干燥 72h，再将种子浸入 55℃温水，经 15min，用常温水继续浸泡 5～6h，再用 1% 硫酸铜溶液浸 5min，浸后用清水洗净，置 25～30℃条件下的培养箱、催芽箱或简易催芽器中催芽。一般 3～4d，约 70% 左右的种子破嘴时播种。

在个别种子破嘴时，置 0℃左右低温下锻炼 7～8h 后再继续催芽，可提高抗寒性。

播种　每平方米播种 150～200g。先浇足底水，待水下渗后，耙松表土，均匀播种，盖消毒过筛营养细土 1～2cm 厚，薄晒一层压籽水，塌地盖薄膜，并弓起小拱棚，闭严大棚。

播后至分苗前管理

（1）播后至幼苗出土期　闭棚维持白天 28～30℃，夜间 18℃左右，床温 20℃，70% 幼苗出土后去掉塌地薄膜。

（2）破心期　适当降温至日温 20～25℃，夜温 15～16℃，床温 18℃。

注意防止夜间低温冻害，并在不受冻害的前提下加强光照，控制浇水，使床土"露白"。

（3）破心后至分苗期　维持床温 19～20℃。晴朗天气多通风见光，维持床土表面呈半干半湿状态，"露白"前及时浇水。发现猝倒病，应连土拔除病苗，并撒多菌灵或百菌清药土防治。

▶ 图 6-5　湿度过大时苗床撒草木灰降湿

▶ 图 6-6　辣椒冷床分苗假植

▶ 图 6-7　辣椒营养钵分苗假植

▶ 图 6-8　苗期加强揭盖增光保温等的管理

若床土湿度过大，可撒干细土或干草木灰吸潮（图6-5），并适当进行通风换气。若床土养分不足，可于2片真叶后结合浇水喷施1～2次营养液。

雨天突然转晴时，小拱棚上要盖遮阳网，以后逐渐揭开见光。分苗前3～4天适当炼苗，白天加强通风，夜间温度13～15℃。

分苗　苗龄30～35d，3～4片真叶时，选晴朗天气的上午10∶00至下午3∶00及时分苗（图6-6），间距7～8cm。分苗后速浇压根水，盖严小拱棚和大棚膜促缓苗，晴天在小拱棚上盖遮阳网。

注意：分苗宜浅；最好用营养钵分苗（图6-7），分苗时先浇湿苗床，分苗深度以露出子叶1cm为准。

分苗床管理

（1）缓苗期　地温18～20℃，日温25℃，加强覆盖，提高空气相对湿度。

（2）旺盛生长期　加强揭盖（图6-8），适当降温2～3℃，每隔7d结合浇水喷一次0.2%的复合肥营养液。用营养钵排苗的，应维持床土表面呈半干半湿状态，防止"露白"。即使是阴雨天气也要于中午短时通风1～2h。

若发现秧苗徒长，可喷施50mg/kg多效唑抑制。

定植前 7 d 炼苗，夜温降至 13～15℃，控制水分和逐步增大通风量。

建议有条件的大型蔬菜合作社或蔬菜公司可采用穴盘育苗（图 6-9、图 6-10），其技术要点参见第三章有关内容。

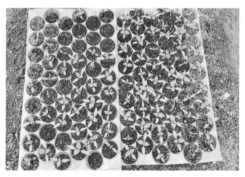

▶图 6-9　辣椒穴盘苗幼苗期

▶图 6-10　适宜定植的辣椒穴盘苗

整地施肥　前茬收获后，每亩施腐熟农家肥 3000～4000kg、生物有机肥 150kg、三元复合肥 20～30kg，底肥充足时可以地面普施，肥料少时要开沟集中施用。开沟时沟距 60cm，沟宽 40cm，深 30cm。

作畦

（1）整成畦面宽 0.75m，窄沟宽 0.25m，宽沟宽 0.4m，沟深 0.25m 的畦。

（2）整地后可在畦面喷施芽前除草剂，如 96％ 精异丙甲草胺乳油 60mL，或 48％ 仲丁灵乳油 150mL，对水 50L，喷施畦面后盖上微膜，扣上棚膜烤地。

（3）5～7d 后，棚内最低气温稳定在 5℃ 以上，10cm 地温稳定在 12～15℃，并有 7d 左右的稳定时间即可定植。

定植

（1）定植时间一般在 2 月下旬到 3 月上旬，大棚内加盖地膜或小拱棚可适当提早。

（2）选晴天上午到下午 2 时定植，相邻两行交错栽苗，穴距 30cm，每穴栽 2 株，2 株苗的生长点相距 8～10cm。

（3）边栽边用土封住栽口（图 6-11），可选用 20％ 恶霉·稻瘟灵（移栽灵）乳油 2000 倍液进行浇水定根，对发病地块，可结合浇定根水，在水内加入适量的多菌灵、甲基硫菌灵等杀菌剂，也可浇清水定根，但切勿用敌磺钠溶液定根。

（4）定植后，及时关闭棚门保温。

▶图6-11 辣椒苗地膜覆盖定植效果　▶图6-12　缓苗阶段大棚内地膜套小拱棚促缓苗示意

保温　定植到缓苗前5~7d闭棚闷棚，不要通风，尽量提高温度。闭棚时，要用大棚套小拱棚的方式双层覆盖保温（图6-12），保持晴天白天28~30℃，最高可达35℃，尽量使地温达到和保持18~20℃。

浇缓苗水　在定植4~5d后浇一次缓苗水。

缓苗后适当降温　辣椒生长以白天气温保持24~27℃、地温23℃为最佳，缓苗后通过放风调节温度，保持较低的空气湿度。

壮苗　缓苗后，叶面可喷用3000~4000倍的植物多效生长素或2000倍的天达2116等。

中耕、蹲苗　缓苗后开花坐果前，应连续中耕2次进行蹲苗，直到门椒膨大前一般不轻易浇肥水，地膜覆盖的不用中耕。

保花保果　开花期可喷用4000~5000倍的矮壮素；开花前后喷用30~50mg/kg增产灵或6000~8000倍的辣椒灵进行保花保果，共喷3次。

浇水追肥　门椒长到3cm长大小时每亩可追施10~15kg复合肥加尿素5kg，以后视苗情和挂果量，酌情追肥。

植株调整　门椒采收后，门椒以下的分枝长到4~6cm时，将分枝全部抹去（图6-13），植株调整时间不能过早。对植株较高大的，可采用插秆绑定植株防倒伏（图6-14）。

撤棚膜　当棚外夜间气温高于15℃时，大棚内小拱棚可撤去，外界气温高于24℃后才可适时撤除大棚膜。

注意防止开花期温度过高易落果或徒长。

盛果期浇水追肥　7~10d浇一次水，一次清水一次水冲肥。一般可根施0.5%~1%的磷酸二氢钾1.5kg，加硫酸锌0.5~1kg，加硼砂0.5~1.0kg。

叶面施肥　进入结果盛期，叶面喷施磷酸二氢钾，配合使用光合促进剂、光呼吸抑制剂、芸薹素内酯等，每7~10d喷用一次，共喷5~6次，可增加产量和品质。

▶ 图 6-13　辣椒整枝抹杈示意

▶ 图 6-14　地膜覆盖栽培为防植株倒伏应立支架固定植株

雨水多时，要清沟排渍，做到田干地爽、雨停沟干。棚内干旱灌水时，可行沟灌，灌半沟水，让其慢慢渗入土中，以土面仍为白色、土中已湿润为佳，切勿灌水过度。

主要病虫害防治　主要病害有疮痂病、细菌性叶斑病、疫病、炭疽病、白粉病、白绢病、灰霉病、病毒病等，主要虫害有蚜虫、烟青虫、烟粉虱等。搞好农业防治、物理防治和生物防治，根据生产情况，在病虫害初发阶段，及时用药防治（图 6-15），病虫害的识别与防治方法参见第五章。

▶ 图 6-15　给辣椒喷药防病治虫

▶ 图 6-16　适时采收的辣椒果实

采收　最早可于 4 月上中旬采收（图 6-16），最好在晴天进行，以利伤口愈合，减少病害。前期采收及时，可避免坠秧。

二、辣椒大棚秋延后栽培

选择品种　选择果肉较厚、果型较大、单果重、商品性好、抗病毒病能力强，且前期耐高温、后期耐低寒的早中熟品种。

确定播期　一般在 7 月中下旬播种。

设置苗床　苗床消毒一般采用 60～80 倍的甲醛溶液，每平方米 1～2kg 泼浇在床土上，用薄膜覆盖一周左右再揭膜松土，隔几天等气味散净后可播种，也可每平方米用 50% 多菌灵可湿性粉剂 8～10g 进行土壤消毒。

消毒种子　种子要采用 30% 硫菌灵悬浮剂 500 倍液，或 10% 磷酸三钠，或 0.1% 的高锰酸钾浸泡消毒。

播种　捞出洗净后即可播种，不必催芽。播后盖稻草保湿，2 叶 1 心期采用营养钵分苗一次，也可直接播在营养钵上。

苗床管理

（1）遮阴　苗期要用遮阳网覆盖降温防雨，即在盖膜的大棚架上加盖遮阳网，也可在没有盖膜的大棚架上盖遮阳网，然后在棚内架小拱棚，雨天加盖塑料薄膜防雨。

（2）浇水追肥　一般播种后 1～2d 就要喷一次水，播种后苗床温度控制在 25～30℃，3～4d 即可出苗。出苗后，白天保持气温 20～23℃，夜间 15～17℃。视幼苗情况适当喷施 0.3% 磷酸二氢钾，或 0.5% 硫酸镁、0.01%～0.02% 喷施宝等。

（3）防病虫　从苗期开始就要注意防治蚜虫、茶黄螨、病毒病等。定植前 5～7d，施一次送嫁肥，喷一次吡虫啉农药防蚜虫。

有条件的，可采用穴盘育苗。

整土施肥　定植地块应早耕、深翻，每亩穴施或沟施腐熟有机肥 2500～4500kg，复合肥 50kg 或过磷酸钙 25kg，钾肥 15kg 或草木灰 100kg。

定植

（1）定植时间　苗龄以 35d 左右为好。选择 8～10 片真叶、叶色浓绿、茎秆粗壮、无病虫危害的幼苗定植。

一般在 8 月 15～25 日之间定植，以 8 月 20 日左右定植完较好。

（2）定植规格　一般株行距为 40cm×40cm，双株定植。

（3）定植方法　选阴天或晴天傍晚天气较凉时移栽，在膜上打孔定植，边移栽边浇定根水，并在大棚膜上加盖遮阳网。

定植后 3d 内，应早晚各浇一次水，保持根际土壤湿润。

第一次浇水追肥　定植后 7～10d 追施 1～2 次稀粪水或 1% 的复合肥，切忌过量施用氮肥。

除腋芽　在植株坐果正常后，摘除门椒以下的腋芽，对生长势弱的植株，还应将已坐住的门椒甚至对椒摘除。

保花保果 在条件不适宜的情况下，可用浓度为 40～50mg/kg 的对氯苯氧乙酸溶液喷洒，防止落花落果。

第二次浇水追肥 第一批果坐稳后结合浇水，每亩追施尿素 10kg、磷酸二铵 8kg。定植后棚内土壤保持湿润，11 月上旬应偏湿一些，浇水要适时适度，切忌在土壤较热时浇水和大水勤灌，每隔 2～3d 灌一次小水。

遮阴降温 10 月上旬前，棚膜一般在辣椒移栽前就盖好，但 10 月上旬前棚四周的膜基本上敞开，辣椒开花期适温白天为 23～28℃，夜间 15～18℃，白天温度高于 30℃时，要用双层遮阳网和大棚外加盖草帘，结合灌水增湿保湿降温。

盖棚膜 10 月上旬气温开始下降，应撤除遮阳网等覆盖物，到 10 月下旬，当白天棚内温度降到 25℃以下时，棚膜开始关闭。

抹除侧枝 当每株结果量达到 12～15 个果实时，应将植株的生长点摘掉。

拉绳防倒 在畦的四周拉绳，可避免辣椒倒伏到沟内（图 6-17）。

第三次浇水追肥 结果盛期，叶面喷施 0.3% 磷酸二氢钾 1～2 次。追肥灌水时，可结合中耕除草、整枝打杈。

保温保湿 11 月中旬以后气温急剧下降，夜间温度降到 5℃时，在大棚内及时搭好小拱棚，并覆盖薄膜保温（图 6-18）。小拱棚的薄膜可以白天揭，夜晚盖。第一次寒流来临后，紧接着就会出现霜冻天气，晚上可在小拱棚上盖一层草帘并加盖薄膜，在薄膜上再覆盖草帘防止冻害。

以保持土壤和空气湿度偏低为宜，少浇水，停止追肥。寒冷天气大棚要短时间勤通风降湿。

▶ 图 6-17　拉绳防倒伏示意

▶ 图 6-18　秋延后辣椒保温管理

增光 12 月份以后，除了尽可能让植株多见光外，要经常擦除膜上的水滴和灰尘，保持大棚薄膜的清洁透明，增加薄膜的透光率。这一阶段外界气温低，土壤和空气湿度不能过高，应尽可能少浇或不浇水。

此时，植株生长缓慢，需肥少，可以停止追肥。

主要病虫害防治　大棚秋延后辣椒主要病害有炭疽病、病毒病、菌核病等，主要虫害有蚜虫、白粉虱、茶黄螨、蓟马、斜纹夜蛾等，要根据病虫害的发生发展规律，及时做好预防工作，其识别方法和防治药剂参见第五章。

及时采收　秋延后辣椒一般自9月下旬开始采收，特别注意前期采收要及时，尽量采收嫩果，采收标准是果皮颜色变深发亮、触摸有一定硬度。通过多层覆盖保温，可以持续采收到元旦或春节。

三、春黄瓜大棚促成栽培

春提早黄瓜大棚促成栽培（图6-19），产量高，上市早，一般2月上中旬播种，2月下旬至3月上旬定植，4月下旬至6月采收。若采用电热加温线育苗，播期可提早到12月下旬至元月中下旬，采用大棚＋小棚＋地膜＋草帘等多层覆盖栽培，可提早到4月上旬上市。

▶图6-19　钢架大棚套地膜覆盖栽培早春黄瓜

选择品种　选择早熟性强、雌花节位低、适宜密植、抗寒性较强、耐弱光和高湿的品种。如津优1号、津优30号、津春5号等。

配制培养土 3年未种过黄瓜的肥沃园土或大田土5份，充分腐熟的猪粪渣3份，炭化谷壳2份，每平方米再加入50%硫菌灵可湿性粉剂或50%多菌灵可湿性粉剂80～100g，25%敌百虫可湿性粉剂60g，掺和后过筛备用。配制好的营养土均匀铺于播种床上，厚度10cm。

消毒育苗床土 按照种植计划准备足够的播种床。每平方米播种床用40%甲醛30～50mL，加水3L，喷洒床土，用塑料薄膜闷盖3d后揭膜，待气体散尽后播种。或每平方米苗床用15～30mg药土进行床面消毒，用8～10g 50%多菌灵可湿性粉剂与50%福美双可湿性粉剂混合剂（按1:1混合），与15～30kg细土混合均匀撒在床面。

浸种消毒 每亩需种量250～350g，每平方米苗床播种50～70g。浸种可用温汤浸种法或药剂消毒浸种法。

（1）药剂浸种 用50%多菌灵可湿性粉剂500倍液浸种1h，或用40%甲醛300倍液浸种1.5h，捞出洗净催芽可防治枯萎病、黑星病。

（2）温汤浸种 将种子用55℃的温水浸种20min，用清水冲净黏液后晾干再催芽（防治黑星病、炭疽病、病毒病、菌核病）。

消毒后的种子浸泡4～6h后捞出洗净，置于28℃培养箱中催芽，70%的种子露白时即可播种。包衣种子直播即可。

播种 应选温度较高的中午，先把苗床浇透底水，湿润至深10cm，待水渗下后，用营养土找平床面。种子70%破嘴后均匀撒播，覆盖营养土1.0～1.5cm。每平方米苗床再用50%多菌灵可湿性粉剂8g，拌上细土均匀撒于床面上，防治猝倒病。冬春播种育苗床面上覆盖地膜，70%幼苗顶土时撤除床面覆盖物。

苗期管理 种子拱土时撒一层过筛床土加快种壳脱落。

播种后7～10d，幼苗破心后及时分苗。按株行距10cm分苗。最好采用直径10cm营养钵分苗（图6-20）。

▶图6-20 黄瓜营养钵（杯）育苗或分苗

▶图6-21 黄瓜早春电热线穴盘育苗

在苗龄 1 叶 1 心和 2 叶 1 心时，各喷一次 200～300mg/kg 的乙烯利，可促进雌花增多。若使用了乙烯利处理，田间应加强肥水管理，当气温达 15℃以上时要勤浇水施肥，不蹲苗，一促到底，施肥量增加 30%～40%，中后期用 0.3%磷酸二氢钾进行 3～5 次叶面喷施。

也可采用商品基质穴盘育苗（图 6-21），配方为 2 份草炭加 1 份蛭石，以及适量的腐熟农家肥。播种方法同上。

棚室消毒　棚室在定植前要进行消毒，每亩设施用 80%敌敌畏乳油 250g 拌上锯末，与 2～3kg 硫黄粉混合，分 10 处点燃，密闭一昼夜，放风后无味时定植。

扣棚提温　黄瓜栽培应选择地势较高、向阳、富含有机质的肥沃土壤，并在定植前 20d，选择晴天扣棚以提高棚内温度。

施足基肥　亩施生石灰 100kg，优质腐熟堆肥 4000～5000kg，饼肥 60kg，复合肥 50kg，饼肥在整地时铺施，复合肥与腐熟堆肥混合后施入定植沟。

整土作畦　不宜与瓜类作物连作，最好是冬闲大田，前作收获后早翻土烤晒或冻垡，定植前 10d 左右作畦，双行种植，畦宽为 1.6m 包沟，单行种植，畦宽 1.0m，做成龟背型高畦，畦高 30cm。

有条件的可选用功率为 1000W 的电加温线纵向铺设在定植沟底，若没有条件，则要在作畦后覆盖地膜以保温。

定植

（1）定植时期　10cm 最低土温稳定通过 12℃后定植。在长江中下游地区，大中棚套地膜，宜于 3 月上中旬，有 4～5 片真叶时，选晴天的上午进行定植。

若是大中棚配根际加温线，定植期可提早到 2 月中下旬。

▶图 6-22　适宜定植的黄瓜苗

（2）定植规格　若是双行单株种植，株距 22cm，亩栽 3300～3400 株；双株定植，穴距 34cm，亩栽 4900～5000 株。

若为窄畦单行单株种植，株距 18cm，亩栽 3600～3800 株；双株定植，穴距 28cm，亩栽 4700～4900 株。

（3）定植后管理　定苗后及时封口，浇定根水，盖好小拱棚和大棚膜（图 6-22、图 6-23）。

▶图 6-23　大棚早春黄瓜定植示意

浇缓苗水 定植时轻浇一次压根水。3~5d后浇一次缓苗水。

保温 定植后5~7d一般不通风，缓苗后在晴天早晨要使棚内气温尽快升到20℃以上，中午最高温度尽量不超过35℃，下午3时以后，要适当减少通风，使前半夜气温维持在15~20℃，午夜后10~15℃。

立架或吊蔓 黄瓜于幼苗4~5片叶开始吐须抽蔓时设立支架，可设"人"字形架（图6-24），大棚栽培也可在正对黄瓜行向的棚架上绑上竹竿纵梁，再将事先剪断的纤维带按黄瓜栽种的株距均匀悬挂在上端竹竿上，纤维带的下端可直接拴在植株基部处（图6-25）。

▶图6-24 早春黄瓜大棚栽培插架示意图　　▶图6-25 大棚吊蔓栽培黄瓜

第一二次浇水追肥 一般在黄瓜抽蔓期和结果初期追施2次0.2%~0.3%的复合肥，每次每亩15~20kg，也可用1%尿素进行叶面喷施。

绑蔓 当蔓长15~20cm时引蔓上架，并用湿稻草或尼龙绳绑蔓，以后每隔2~3节绑蔓一次，一般要连续绑蔓4~5次，绑蔓时要摘除卷须，绑蔓宜于下午进行。也可采用绑蔓枪绑蔓（图6-26、图6-27），可提高工作效率。

▶图6-26 黄瓜人工绑蔓　　▶图6-27 用绑蔓枪给黄瓜绑蔓

整枝 植株调整应在及时绑蔓的基础上，采取"双株高矮整枝法"。即每穴种双株，其中一株长到12～13节时及时摘心，另一株长到20～25节摘心。

如果是采取高密度单株定植，则穴距缩小，高矮株摘心应相隔进行。黄瓜生长后期，要打掉老叶、黄叶和病叶等，利于通风。

保湿 缓苗后至根瓜采收前适当灌水，浇2～3次提苗水，保持土壤湿润。

保花保果 坐瓜期使用对氯苯氧乙酸（番茄灵），其浓度为100～200mg/kg，使用方法是在每一雌花开花后1～2d，用毛笔将稀释液点到当天开放的新鲜雌花的子房或花蕊上。

后期浇水追肥 到结果盛期结合灌水在两行之间再追2～3次人粪尿，每次每亩约1500kg，或复合肥5kg，注意地湿时不可施用人粪尿。

采收期中，外界温度逐渐升高，应勤浇多浇，保持土壤高度湿润，但要使表土湿不见水，干不裂缝，不渍水，每隔3d左右浇一次壮瓜水。

通风防高温 中后期要防止高温危害。一是利用灌水增加棚内湿度，二是在大棚两侧掀膜放底风，并结合折转天膜换气通风。通风一般是由小到大，由顶到边，晴天早通风，阴天晚通风，南风天气大通风，北风天气小通风或不通风，晴天当棚温升至20℃时开始通风，下午棚温降到30℃左右停止通风，夜间棚温稳定通过14℃时，可不关天膜进行夜间通风。

主要病虫害防治 早春黄瓜主要病害有猝倒病、立枯病、霜霉病、灰霉病、疫病、枯萎病、蔓枯病、细菌性角斑病和白粉病等，防治时应将选用抗病品种、调节环境条件和药剂防治三者结合起来。主要虫害有黄守瓜、瓜蚜和瓜绢螟等，其识别方法和防治技术参见第五章。注意采收前15天停止用药。

采收 定植后1个月左右开始采收，最早上市时间为3月中下旬，及时采收或打掉根瓜，以清晨采摘为宜（图6-28、图6-29）。将残枝败叶和杂草清理干净，集中进行无害化处理，保持田间清洁。

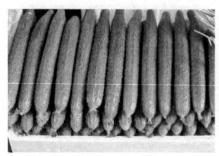
▶ 图6-28 普通黄瓜果实

▶ 图6-29 水果黄瓜果实

附：春黄瓜大棚促成栽培除营养土育苗外，还可采用工厂化穴盘育苗，其技术要点如下。

种子处理 将黄瓜种子倒出后，晒种 2~3h（避免在烈日下暴晒），同时剔除不饱满的种子，将选好的种子在温水中浸泡 2h，浸好后沥干水分待播。

选择穴盘 采用规格为 26cm×52cm 的 72 孔穴盘，每一苗床横向排列 3 排。穴盘用 50% 多菌灵可湿性粉剂 600 倍液浸泡 2~3h 消毒后备用。

选择基质 选用瓜果蔬菜专用育苗基质，要求有机质含量 65% 以上，腐殖酸含量 40%~55%，pH5.0~6.0，含氮磷钾总量 3%，基质营养全面、配比合理，具有透气性能好、质轻、持水、有机质含量高等特点。

基质装盘 将基质倒出，按 50kg 基质加 50g 的 50% 多菌灵可湿性粉剂的比例混合，加水搅拌均匀，达到手握成团、手指间有少量水滴但不落下为准。基质填满穴盘，相互叠加，垂直轻压，并用木板将盘口刮平，露出方格，便于播种。

播种 用一粗 0.5cm、长约 15cm 的木棍，在每个穴盘方格的中央打一深 1.5cm 的孔，然后用镊子将浸种后的黄瓜种子点播其中，每穴播 1 粒，用潮湿的基质盖住洞口，再在穴盘上撒一层干营养土。

播后管理

（1）温度管理 播种至出苗阶段以促为主。播种到子叶出土，白天保持 28℃左右，夜间 18~20℃；子叶出土到破心（子叶展平，第 1 真叶显露）适当降低温度，白天 20~22℃，夜间 12~15℃；破心到成苗前 5~7d，白天 22~25℃，夜间 13~18℃；定植前 1 周，白天保持 16~20℃，夜间 10~15℃。

（2）光照管理 育苗穴盘应尽量多见光，长日照可有效控制黄瓜的徒长。

（3）肥水管理 黄瓜穴盘育苗周期短，基质中含有的养分，可以满足黄瓜苗的生长，一般不需追肥。黄瓜穴盘基质育苗水分蒸发量大，幼苗容易缺水，应及时补水；但水分过多，又会造成苗子徒长，因此要适量浇水。一般选晴天中午进行浇灌，子叶出土至破心阶段每 4~5d 浇 1 次水，以后每隔 2d 浇水 1 次。

病虫害防治 苗期病害主要是猝倒病，应加强苗床管理，设法提高温度，降低湿度。苗床内发现个别幼苗染病，要及时拔除病苗，并喷洒 50% 异菌脲可湿性粉剂 600~800 倍液，或 75% 百菌清可湿性粉剂，或 25% 甲霜灵可湿性粉剂 700~800 倍液。

四、秋延迟大棚黄瓜栽培

秋延迟大棚黄瓜栽培（图 6-30），是指利用大棚设施，于 7 月中旬至 8

月上旬播种，8月上旬至8月下旬定植，9月中旬至11月下旬供应市场的栽培方式。

选择品种 选择前期耐高温后期耐低温、雌花分化能力强、长势好、抗病力强、产量高、品质好的品种，如蔬研 12 号、津春 8 号、津优 108、津绿 3 号。

选择播期 长江流域宜于 7月中旬至 8 月上旬播种。每亩用种量 200g。

▶图6-30 大棚遮阳网覆盖秋延后栽培黄瓜

播种期不要太迟，否则达不到理想产量。

苗床准备

（1）搭棚 秋延迟黄瓜育苗，应在大棚、中棚或小拱棚内进行，四周卷起通风。在大棚内育苗，揭开前底脚，后部外通风口，形成凉棚。

（2）消毒 选择伏天深翻晒土，烤晒过白，敲碎土坨，利用甲醛、代森胺、线净、菌线威等杀菌剂和杀虫剂，对床土进行消毒，杀死大棚土壤的病菌和地下害虫。再作深沟高畦。

（3）做床 可直接在地面做成畦宽 1.2m，畦高 0.3m，沟宽 0.3~0.4m，长 6m 左右，整平畦面，略呈龟背形。

（4）施肥 每畦撒施过筛的优质有机肥 50kg 作育苗基肥，翻 10cm 深，粪土掺匀，耙平畦面即可移苗或直播，畦上搭起 0.8~1.0m 高的拱架，覆上旧膜，起遮雨和夜间防露水的作用。

种子处理 秋延迟黄瓜可以直播（图6-31），但最好采用育苗移植的形式育苗，一般不采用嫁接苗。选择健壮种子预晒后，将种子用 55℃温水浸种并不断搅拌，待水温降至 30℃，继续浸泡 3~5h 后捞出洗净，用湿纱布裹好在 28~30℃条件下催芽，保持湿润；如种子量过多，要注意翻动，当种子80%露白时播种。

▶图6-31 黄瓜直播栽培

播种 做好黄瓜播种沙床，播种床铺 8~10cm 厚的过筛河沙，耙平，浇透水，把黄瓜籽均匀撒播在沙上，稀播匀播，用扫把轻扫 1 遍，使种子均匀入土。再盖上 2cm 厚的细沙，盖住种子，然后浮面覆盖遮阳网。

苗期管理

（1）乙烯利处理　育苗期间，必须用乙烯利处理，即在幼苗 1.5～2 片真叶展开时，喷 100mg/kg 乙烯利，7d 后再喷一次。喷施宜在午后 3～4 时进行，喷后及时浇水。

（2）病害防治　幼苗期高温多湿，易发生霜霉病和疫病，应在黄瓜出苗后每 10d 灌一次甲霜灵可湿性粉剂 600～800 倍液。

（3）浇水管理　苗期气温高，蒸发量大，要保持畦面见干见湿。移栽前苗圃浇透水，便于起苗，带土移栽。

浇水在早晨、傍晚进行，每次浇水以刚流满畦面为止。为培育壮苗，在棚内挂黄板，棚外安装杀虫灯，可起到良好的防虫效果。有条件的，可采用穴盘育苗（图 6-32）。

▶图 6-32　秋延后黄瓜穴盘育苗要注意幼苗徒长现象

施足基肥　前作收获后，及时整地施肥。移栽前 10d 每亩施生石灰 100kg 深翻入土，烤晒过白；移栽前 5～7d 施基肥，一般每亩施用优质腐熟圈肥 5000kg、复合肥 80kg、过磷酸钙 30～50kg 作为基肥。

土壤消毒　在施基肥的同时，喷洒 1.5kg 50%多菌灵可湿性粉剂或 50%甲基硫菌灵可湿性粉剂进行土壤消毒。

整土作畦　施肥后灌水，待土壤干湿适宜时翻地，整平后起垄，整成畦宽 1.2m，沟深 0.3m，沟宽 0.3～0.4m。然后盖好遮阳网，围好防虫网，等待定植。

定植

（1）定植规格　定植前，在育苗畦灌大水，然后割坨，选择生长健壮、大小一致的秧苗，每畦 2 行，每穴 1 株，按株距 0.3m、行距 0.8m，每亩栽植 3000 株。

（2）定植方法　栽植时先把苗摆入沟中，覆土稳坨，沟内灌大水，1～2d 后土壤干湿合适时先松土再封埋。

注意：定植深度以苗坨面与垄面相平为宜，不宜过深。

通风降温　结瓜前期气温高，应将棚四周的薄膜卷起只留棚体顶部薄膜，进行大通风，白天棚内控制在 25～30℃，夜间温度保持 18℃左右，湿度保持在 60%～80%。及时中耕划锄，降低土壤湿度。

控水施肥 定植后至插架前因高温多雨，应防止秧苗徒长，控制浇水，少灌水或灌小水，少施氮肥，增施磷、钾肥，或采用 0.2% 磷酸二氢钾液根外追肥 2~3 次。

中耕松土 从定植到坐瓜，一般中耕松土 3 次，使土壤疏松通气，减少灌水次数，控制植株徒长，根瓜坐住后不用再中耕。

第二次浇水追肥 插架前可进行一次追肥，每亩施腐熟人粪尿 500kg 或腐熟粪干 300kg。施追肥后灌水插架或吊蔓。

插架绑蔓 及时上架和绑蔓，可采用塑料绳吊蔓法吊蔓。

进入采收 根瓜要适时早采，防止坠秧。盛瓜期可根据坐瓜情况及时采收，一般每天采收 1 次，进入 10 月份后，温度降低，每 2~3d 采收 1 次，尽早摘除畸形瓜，保证后续果实的发育。

摘心 当植株高度接近棚顶时打顶摘心，促进侧枝萌发。一般在侧蔓上留 2 片叶 1 条瓜摘心，可利用侧蔓增加后期产量。

盛瓜期浇水追肥 进入盛瓜期，一般追肥 2~3 次，每次每亩用尿素 10kg 或腐熟人粪尿 500~750kg，随水冲施。

培土 盛瓜期及后期应适当培土。

扣棚保温 结瓜盛期，到 10 月中旬时，外界气温下降较快，当月平均气温下降到 20℃，夜间最低温度低于 15℃时要及时扣棚。

覆盖棚膜前，可先喷施 50% 多菌灵可湿性粉剂 800 倍液防治霜霉病，覆膜初期不要盖严，根据气温变化合理通风，调节棚内温度，白天棚内温度宜保持在 25~30℃，夜间 13~15℃。当最低温度低于 13℃时，夜间要关闭通风口。

多层保温 结瓜后期要加强保温管理。盖严棚膜，当夜间最低温度低于 12℃时要按时盖草苫；白天推迟放风时间，提高温度；积极采取保温措施，使夜间保持较高温度，尽量延长黄瓜生育时间。

叶面施肥 结合防病喷药，喷施 0.2% 尿素和 0.2% 磷酸二氢钾溶液 2~3 次，增产增收。

浇水保湿 温度高时浇水可隔 4d 浇一次，后期温度低时可隔 5~6d 浇一次，10 月下旬后隔 7~8d 浇一次。

后期追肥 11 月份如遇连阴天、光照弱时，可用 0.1% 硼酸溶液叶面喷洒。

落架 棚内最低温度降至 10℃时可采取落架管理，即去掉支架，将茎蔓落下来，并在棚内加盖小拱棚，夜间再加盖草苫保温，可延长采收期。

病虫害防治 秋延后黄瓜病害主要有霜霉病、枯萎病、蔓枯病、炭疽病、白粉病、细菌性角斑病、靶斑病等，虫害主要有蚜虫、黄守瓜、白粉虱、美洲斑潜蝇、瓜绢螟等，应及时防治。

附：秋延后大棚栽培育苗还可以采用穴盘育苗或营养钵育苗的方法。除了育苗移栽外，还可以采用露地直播的方法。

穴盘育苗 一般大型蔬菜合作社育苗均采用穴盘育苗，其工作程序如下。

（1）苗床整理 结合深翻晒土，选用杀菌剂和杀虫剂，杀死病菌和地下害虫。再作深沟高畦，畦宽 1.2～1.3m，畦高 0.2m，沟宽 0.3m，整平畦面，然后盖好棚膜和遮阳网，围好防虫网。

（2）基质配制 选择优质草炭、蛭石和珍珠岩，按体积比 3∶1∶1 混合，每立方米加 2kg 三元复合肥和 0.2kg 多菌灵；或选用菌渣（或腐熟猪粪渣）、炭化谷壳和细沙，按体积比 2∶1∶1 混合，另每立方米基质加复合肥2kg，钙镁磷肥 2kg，拌匀待用。

（3）播种育苗 选择 32 孔穴盘，如是旧穴盘则要消毒，将基质装入盘中，不能过满，然后点催好芽的种子入盘，每穴 1 粒，用基质覆盖穴盘，盖住种子为宜。播种后放入苗床，用喷壶装好清水浇透，然后覆盖遮阳网。

（4）苗期管理 幼苗拱土时揭去遮阳网，待子叶展开后，及时间苗和移苗补缺，缺苗移补好后，立即喷洒清水。穴盘育苗易产生失水现象，于清晨和傍晚气候凉爽时及时喷洒水分。用 0.3% 的复合肥液作追肥，整个苗期追施 2～3 次。当黄瓜子叶展平开始扩张时，用 3～5mg/kg 多效唑水溶液喷雾控晒。其他管理同床土育苗。

营养钵育苗 小型蔬菜合作社或家庭农场适宜采用营养钵育苗，其工作程序如下。

（1）配置营养土 营养土选用 3 年内未种植瓜类蔬菜并经烤晒的优质菜园土或肥沃沙壤田土、腐熟的猪（鸡）粪渣、炭化谷壳或腐熟炉灰作基料，比例为 6∶3∶1，并加适量的过磷酸钙和硫酸钾复合肥，选用多菌灵或代森铵消毒，堆沤 5～7d，过筛待用。

（2）播种育苗 播种前 7d 整理好苗床，播种前消毒营养钵，装好营养土，在晴天下午将种子播入营养钵，每个营养钵 1 粒，盖 1cm 厚营养土，浇足水后盖遮阳网保湿。其苗期管理同于穴盘育苗。

直播 在扣棚前直播。按大行距 70cm，小行距 50cm，高畦或起垄栽培，播种前 2～3d 浇透水，开沟 3cm 深，将催好芽的种子按 25cm 株距点播，每穴播种 2～3 粒，播后覆土 1.5cm。

如果墒情不足，出苗前要灌水催苗。若遇雨天，应盖草防止土壤板结，一般播后 3d 可出苗，2 片真叶后定苗。

发现缺苗、病苗、畸形苗及弱苗时，应挖密处的健苗补栽。

五、豇豆塑料大棚早春提前栽培

选择品种 选用早熟、丰产、耐寒、抗病力强，鲜荚纤维少、肉质厚、风味好，植株生长势中等、不易徒长、适宜密植的蔓生品种，如早翠、翡翠早王、天畅三号等（图6-33）。

▶图6-33 选择适宜的豇豆品种

▶图6-34 豇豆营养钵苗

种子处理

（1）干籽直播 为防止种子带菌，用种子量3倍的1%甲醛药液浸种10~20min，然后用清水冲洗干净即可播种。

（2）育苗 先用温水浸种8~12h，中间淘洗2次，用湿毛巾包好，放在20~25℃条件下催芽，出芽后备播。

播种育苗 早春大棚豇豆栽培多采用育苗移栽，宜采用营养钵育苗（图6-34）。

选择播期 在长江中下游地区，播种期最早在2月中下旬。

配制营养土 采用营养钵育苗，用4份充分腐熟的农家肥与6份田园土充分拌匀。

播种床消毒 每平方米播种床用40%甲醛30~50mL，加水3L，喷洒床土，用塑料薄膜闷盖3d后揭膜，待气体散尽后播种。或72.2%霜霉威水剂400倍液床面浇施。或每平方米苗床用15~30kg药土作床面消毒。方法：用8~10g 50%多菌灵可湿性粉剂与50%福美双可湿性粉剂等量混合剂，与15~30kg细土混合均匀撒在床面。

摆营养钵 营养钵大小8cm×8cm或10cm×10cm，先装5~7cm的营养土，摆放到苗床上浇水，水渗下后播种。

播种 将筛选好的种子晾晒1~2d，严禁暴晒。

用种子质量0.5%的50%多菌灵可湿性粉剂拌种，防治枯萎病和炭疽病；或用硫酸链霉素500倍液浸种4~6h，防治细菌性疫病。将浸泡后的种子点播于营养钵（袋）中，每钵（袋）播 2~3 粒，然后覆土 2cm。苗期做好保温防寒管理。定植前进行炼苗。

有条件的也可采用穴盘育苗（图 6-35）。

整地施肥 早耕深翻，做到精细整地。春季在定植前 15~20d 扣棚烤地，结合整地每亩施入腐熟有机肥 5000~6000kg，过磷酸钙 80~100kg，硫酸钾 40~50kg 或草木灰 120~150kg，2/3 的农家肥撒施，余下的 1/3 在定植时施入定植沟内。

▶图 6-35 豇豆穴盘育苗

作畦 定植前 1 周左右在棚内作畦，一般做成平畦，畦宽 1.2~1.5m。

也可采用小高畦地膜覆盖栽培，小高畦畦宽（连沟）1.2m，高 10~15cm，畦间距 30~40cm，覆膜前整地时灌水。

▶图 6-36 豇豆大棚早春栽培定植示意

定植前棚室消毒 棚室在定植前要进行消毒，每亩设施用 80% 敌敌畏乳油 250g 拌上锯末，与 2~3kg 硫黄粉混合，分 10 处点燃，密闭一昼夜，放风后无味时定植。

定植

（1）定植时期 一般在 2 月底至 3 月上中旬，苗龄 25d 左右，当棚内地温稳定在 10~12℃，夜间气温高于 5℃时，选晴天定植（图 6-36）。

（2）定植规格 行距 60~70cm，穴距 20~25cm，每穴 4~5 株苗。

闭棚促缓苗 定植后 4~5d 内，密闭大棚不通风换气，白天维持棚温 28~30℃，夜间 18~22℃。

注意：当棚内温度超过 32℃ 以上时，可在中午进行短时间通风换气。寒流、霜冻、大风、雨雪等灾害性天气要采取临时增温措施。

查苗补苗 当直播苗第一对基生真叶出现后或定植缓苗后应到田间逐畦查苗补苗，结合间苗，一般每穴留 3~4 株健苗。

注意：由于基生叶生长情况对豆苗生长和根系发育有很大的影响，基生叶提早脱落或受伤的幼苗也应拔去换栽壮苗。

浇缓苗水　定植后至开花坐荚前，浇定植水后至缓苗前不浇水、不施肥，若定植水不足，可在缓苗后浇缓苗水。

中耕蹲苗　浇缓苗水后，进行中耕蹲苗，一般中耕 2～3 次（图6-37），甩蔓后停止中耕，到第一花序开花后小荚果基本坐住，其后几个花序显现花蕾时，结束蹲苗，开始浇水追肥。采用地膜覆盖栽培的，不用中耕。

▶图6-37　豇豆中耕除草示意

适当降温壮苗　缓苗后，开始放风排湿降温，白天温度控制在 20～25℃，夜间 15～18℃。加扣小拱棚的，小棚内也要放风，直至撤除小拱棚。

插架　一般到蔓出后才开始支架（图6-38），双行栽植的搭"人"字架，将蔓牵至"人"字架上，茎蔓上架后捆绑 1～2 次。

▶图6-38　豇豆及时插架

加大通风量　开花结荚期后，逐渐加大放风量和延长放风时间，一般上午当棚温达到 18℃时开始放风，下午降至 15℃以下关闭风口。

打杈　把第一花序以下各节的侧芽全部打掉，但打杈不宜过早，第一花序以上各节的叶芽应及时摘除，以促花芽生长。

昼夜通风　生长中后期，当外界温度稳定在 15℃以上时，可昼夜通风。

控水促花　大量开花时，尽量不浇水。采用膜下滴灌或暗灌，有利于降低棚内湿度，降低病害发生率。

摘心　在主蔓生长到架顶时，及时摘除顶芽。子蔓上的侧芽生长势弱，一般不会再生孙蔓，可以不摘，但子蔓伸长到一定长度，3～5 节后即应摘心。

结合浇水追施结荚肥　结荚期，要集中连续追 3～4 次肥，并及时浇水。一般每 10～15d 浇一次水，每次浇水量不要太大，追肥与浇水结合进行，一次清水后相间浇一次稀粪，一次粪水后相间追一次化肥，每亩施入尿素 15～20kg。

进入采收　播种后 60～70d、嫩豆荚已发育饱满、种子刚刚显露时采收。每隔 3～5d 采收一次，在结荚高峰期可隔一天采收一次。

撤棚膜　进入 6 月上旬，外界气温渐高，可将棚膜完全卷起来或将棚膜取下来，使棚内豇豆呈露地栽培状况。

追施防衰肥　生长后期，除补施追肥外，还可叶面喷施 0.1%～0.5% 的尿素溶液加 0.1%～0.3% 的磷酸二氢钾溶液，或 0.2%～0.5% 的硼、钼等微肥。

清园　采收后，将病叶、残枝败叶和杂草清除干净，集中进行无害化处理，保持田间清洁。

六、豇豆塑料大棚秋延后栽培

选用良种　选用秋季专用品种或耐高温、抗病力强、丰产、植株生长势中等、不易徒长、适于密植的春秋两用品种，如早熟 5 号、正源 8 号、全王、杜豇。

直播　一般在 7 月中旬至 8 月上旬直接播种。

注意：过早播种，开花期温度高或遇雨季湿度大，易招致落花落荚或使植株早衰；晚播，生长后期温度低，也易招致落花落荚和冻害，产量下降。

降温保苗　苗期温度较高，要适当浇水降温保苗，并注意中耕松土保墒，蹲苗促根。

注意：浇水不宜太多，要防止高温高湿导致幼苗徒长，雨水较多时应及时排水防涝。

追施苗肥　幼苗第一对真叶展开后，随水追肥一次，每亩施尿素 10～15kg。

搭架引蔓　植株甩蔓时，就要搭架，也可用绳吊蔓。常用的架形为"人"字形架。

控水蹲苗　开花初期，适当控水。

防止落花落荚　用 2mg/L 的对氯苯氧乙酸或赤霉酸喷射茎的顶端，可促进开花。

除侧蔓　一般主茎第一花序以下的侧蔓应及时摘除，促主茎增粗和上部侧枝提早结荚。

结合浇水追施结荚肥　结荚期，加强水肥管理，每 10d 左右浇一次水，每浇 2 次水追肥 1 次，每亩冲施粪稀 500kg 或施尿素 20～25kg。10 月上旬以后，应减少浇水次数，停止追肥。

摘心去顶　中部侧枝需要摘心。主茎长到 18～20 节时摘去顶心，促开花结荚。

保温防冻

（1）豇豆开花结荚期气温开始下降，要注意保温。初期，大棚周围下部的薄膜不要扣严，以利于通风换气，随着气温逐渐下降，通风量逐渐减少。

大棚四周的薄膜晴天白天揭开，夜间扣严。

（2）当外界气温降到15℃时夜间大棚四周的薄膜要全封严，只在白天中午气温较高时，进行短暂的通风，若外界气温急剧下降到15℃以下时，基本上不要再通风。遇寒流和霜冻要在大棚下部的四周围上草帘保温或采取临时措施。

（3）当外界气温过低时棚内豇豆不能继续生长结荚，要及时将嫩荚收完，以防冻害。

附：大棚秋豇豆也可采用育苗移栽，先于7月中下旬在温室、塑料棚内或露地搭遮阴棚播种育苗。播种前用55℃温水加0.1％高锰酸钾浸种15min，洗净后再浸泡4～5h，然后洗净晾干播种。

苗龄15～20d，8月上中旬定植，由于秋延后栽培生长期较短，可比春提早栽培适当缩小穴距，穴距以15～20cm为宜。

参考文献

［1］张晓丽，焦伯臣. 设施蔬菜栽培与管理. 北京：中国农业科学技术出版社，
2016.

［2］夏春森，陈重明等. 南方塑棚蔬菜生产技术. 北京：中国农业出版社，2000.

［3］农业部农民科技教育培训中心，中央农业广播电视学校. 设施蔬菜栽培与病虫
害防治技术. 北京：中国农业科学技术出版社，2007.

［4］王迪轩，曹建安，谭卫建. 图说有机蔬菜栽培关键技术. 北京：化学工业出版
社，2017.

［5］王迪轩，高述华，曹建安. 蔬菜程式化栽培技术. 北京：化学工业出版社，
2017.

化工版农药、植保类科技图书

分类	书号	书名	定价
农药手册性工具图书	122-22028	农药手册（原著第 16 版）	480.0
	122-29795	现代农药手册	580.0
	122-31232	现代植物生长调节剂技术手册	198.0
	122-27929	农药商品信息手册	360.0
	122-22115	新编农药品种手册	288.0
	122-22393	FAO/WHO 农药产品标准手册	180.0
	122-18051	植物生长调节剂应用手册	128.0
	122-15528	农药品种手册精编	128.0
	122-13248	世界农药大全——杀虫剂卷	380.0
	122-11319	世界农药大全——植物生长调节剂卷	80.0
	122-11396	抗菌防霉技术手册	80.0
	122-00818	中国农药大辞典	198.0
农药分析与合成专业图书	122-15415	农药分析手册	298.0
	122-11206	现代农药合成技术	268.0
	122-21298	农药合成与分析技术	168.0
	122-16780	农药化学合成基础（第 2 版）	58.0
	122-21908	农药残留风险评估与毒理学应用基础	78.0
	122-09825	农药质量与残留实用检测技术	48.0
	122-17305	新农药创制与合成	128.0
	122-10705	农药残留分析原理与方法	88.0

分类	书号	书名	定价
农药剂型加工专业图书	122-15164	现代农药剂型加工技术	380.0
	122-30783	现代农药剂型加工丛书 – 农药液体制剂	188.0
	122-30866	现代农药剂型加工丛书 – 农药助剂	138.0
	122-30624	现代农药剂型加工丛书 – 农药固体制剂	168.0
	122-31148	现代农药剂型加工丛书 – 农药制剂工程技术	180.0
	122-23912	农药干悬浮剂	98.0
	122-20103	农药制剂加工实验（第2版）	48.0
	122-22433	农药新剂型加工与应用	88.0
	122-23913	农药制剂加工技术	49.0
农药专利、贸易与管理专业图书	122-18414	世界重要农药品种与专利分析	198.0
	122-29426	农药商贸英语	80.0
	122-24028	农资经营实用手册	98.0
	122-26958	农药生物活性测试标准操作规范——杀菌剂卷	60.0
	122-26957	农药生物活性测试标准操作规范——除草剂卷	60.0
	122-26959	农药生物活性测试标准操作规范——杀虫剂卷	60.0
	122-20582	农药国际贸易与质量管理	80.0
	122-19029	国际农药管理与应用丛书——哥伦比亚农药手册	60.0
	122-21445	专利过期重要农药品种手册(2012-2016)	128.0
	122-21715	吡啶类化合物及其应用	80.0
	122-09494	农药出口登记实用指南	80.0
农药研发、进展与专著	122-16497	现代农药化学	198.0

分类	书号	书名	定价
农药研发、进展与专著	122-26220	农药立体化学	88.0
	122-19573	药用植物九里香研究与利用	68.0
	122-09867	植物杀虫剂苦皮藤素研究与应用	80.0
	122-10467	新杂环农药——除草剂	99.0
	122-03824	新杂环农药——杀菌剂	88.0
	122-06802	新杂环农药——杀虫剂	98.0
	122-09521	螨类控制剂	68.0
	122-30240	世界农药新进展（四）	80.0
	122-18588	世界农药新进展（三）	118.0
	122-08195	世界农药新进展（二）	68.0
	122-04413	农药专业英语	32.0
	122-05509	农药学实验技术与指导	39.0
农药使用类实用图书	122-10134	农药问答（第5版）	68.0
	122-25396	生物农药使用与营销	49.0
	122-29263	农药问答精编（第二版）	60.0
	122-29650	农药知识读本	36.0
	122-29720	50种常见农药使用手册	28.0
	122-28073	生物农药科学使用指南	50.0
	122-26988	新编简明农药使用手册	60.0
	122-26312	绿色蔬菜科学使用农药指南	39.0
	122-24041	植物生长调节剂科学使用指南（第3版）	48.0
	122-28037	生物农药科学使指南（第3版））	50.0

分类	书号	书名	定价
农药使用类实用图书	122-25700	果树病虫草害管控优质农药158种	28.0
	122-24281	有机蔬菜科学用药与施肥技术	28.0
	122-17119	农药科学使用技术	19.8
	122-17227	简明农药问答	39.0
	122-19531	现代农药应用技术丛书——除草剂卷	29.0
	122-18779	现代农药应用技术丛书——植物生长调节剂与杀鼠剂卷	28.0
	122-18891	现代农药应用技术丛书——杀菌剂卷	29.0
	122-19071	现代农药应用技术丛书——杀虫剂卷	28.0
	122-11678	农药施用技术指南（第2版）	75.0
	122-21262	农民安全科学使用农药必读（第3版）	18.0
	122-11849	新农药科学使用问答	19.0
	122-21548	蔬菜常用农药100种	28.0
	122-19639	除草剂安全使用与药害鉴定技术	38.0
	122-15797	稻田杂草原色图谱与全程防除技术	36.0
	122-14661	南方果园农药应用技术	29.0
	122-13695	城市绿化病虫害防治	35.0
	122-09034	常用植物生长调节剂应用指南（第2版）	24.0
	122-08873	植物生长调节剂在农作物上的应用（第2版）	29.0
	122-08589	植物生长调节剂在蔬菜上的应用（第2版）	26.0
	122-08496	植物生长调节剂在观赏植物上的应用（第2版）	29.0
	122-08280	植物生长调节剂在植物组织培养中的应用（第2版）	29.0

分类	书号	书名	定价
农药使用类实用图书	122-12403	植物生长调节剂在果树上的应用（第2版）	29.0
	122-27745	植物生长调节剂在果树上的应用（第3版）	48.0
	122-09568	生物农药及其使用技术	29.0
	122-08497	热带果树常见病虫害防治	24.0
	122-27882	果园新农药手册	26.0
	122-07898	无公害果园农药使用指南	19.0
	122-27411	菜园新农药手册	22.8
	122-18387	杂草化学防除实用技术（第2版）	38.0
	122-05506	农药施用技术问答	19.0
	122-04812	生物农药问答	28.0

如需相关图书内容简介、详细目录以及更多的科技图书信息，请登录 www.cip.com.cn。

邮购地址：（100011）北京市东城区青年湖南街13号 化学工业出版社

服务电话：qq:1565138679，010-64518888，64518800（销售中心）

如有化学化工、农药植保类著作出版，请与编辑联系。联系方式：010-64519457，286087775@qq.com。